TOLERANZEN
UND
LEHREN

VON

DIPL.-ING. **P. LEINWEBER** VDI
MASCHINENBAUDIREKTOR, BERLIN

DRITTE AUFLAGE

MIT 143 ABBILDUNGEN IM TEXT

BERLIN
VERLAG VON JULIUS SPRINGER
1940

ISBN-13: 978-3-642-98450-1 e-ISBN-13: 978-3-642-99264-3
DOI: 10.1007/978-3-642-99264-3

Vorwort zur ersten Auflage.

Die Fertigung eines technischen Erzeugnisses in Reihen oder Massen erfordert umfangreiche Vorbereitungen im Betriebe. Der Bestand an Werkzeugmaschinen muß überprüft, Vorrichtungen, Werkzeuge und Lehren müssen rechtzeitig bereitgestellt werden. Die Voraussetzungen für die reibungslose Abwicklung dieser Arbeiten sind eine werkstattgerechte Konstruktion und eine werkstattreife Zeichnung für jedes Einzelteil. Bereits beim ersten Entwurf müssen diese Fragen ebenso sorgfältig durchgedacht werden wie das sichere Zusammenarbeiten aller Einzelteile oder die Wahl geeigneter Werkstoffe. Verläßt man sich allzusehr auf eine nachträgliche Durcharbeitung für die Mengenfertigung, so lassen sich häufig nicht mehr alle Wünsche der Werkstatt befriedigen, ohne die Brauchbarkeit zu gefährden, oder der Entwurf muß in wesentlichen Punkten umgestoßen werden.

Um den Forderungen der Mengenfertigung gerecht werden zu können, muß vom Konstrukteur die Kenntnis der Werkzeugmaschinen und Fertigungsverfahren verlangt werden, er muß über Vorrichtungen und Werkzeuge Bescheid wissen; ferner muß er die Mittel zum Prüfen der halbfertigen und fertigen Einzelteile, Baugruppen und Geräte kennen. Diesem Fachgebiet der Lehren und dem damit zusammenhängenden der Toleranzen stehen viele Konstrukteure mit Scheu oder Abneigung gegenüber.

Der Zweck der vorliegenden Arbeit ist, zu zeigen, daß diese Gefühle unberechtigt sind, und gerade soviel Wissenswertes mitzuteilen, als für den Entwurf einer meßtechnisch richtigen Konstruktion und die Anfertigung einer zweckmäßig bemaßten und tolerierten Werkstattzeichnung notwendig erschien. Es ist nicht beabsichtigt, eine „Anleitung zum Entwerfen von Sonderlehren“ zu geben; hierfür sind Bücher nicht geeignet, sondern allein praktische Erfahrung und Übung und allenfalls „Richtlinien“. Die wichtigsten Regeln für den Entwurf von Sonderlehren sind in knapper Form zusammengestellt. Zweifellos wird auch die Aufgabe des Lehrenkonstrukteurs erleichtert, wenn der Gerätkonstrukteur sich von dem Meßgerät für einen bestimmten Zweck eine ungefähre Vorstellung machen konnte und dementsprechend bei seiner Arbeit vorgegangen ist. Es ist wohl kein Zufall: Wenn der Entwurf einer Lehre besondere Schwierigkeiten macht, zeigt oft die Gerätkonstruktion bei näherem Zusehen Mängel, die nicht nur lehrentechnischer Art sind.

Der Betriebsmann und der Revisor finden Hinweise für die Anwendung der Lehren und für die Beurteilung der Meßverfahren und Meßergebnisse.

Bei dem innigen Zusammenhang zwischen Toleranzen und Lehren konnte im ersten Teil „Gerätzeichnungen“ die Tolerierung nur allgemein behandelt werden und zahlreiche Sonderfragen mußten im zweiten Teil in Verbindung mit den Lehren erörtert werden.

Der Anhang, der über den angedeuteten Rahmen hinausgeht, soll zu weiterer Beschäftigung mit Toleranzen und Lehren und zum selbständigen Nachdenken über dieses Fachgebiet anregen.

Die Anwendung von Lehren und der Austauschbau haben ihren Ursprung in der Waffentechnik gehabt. Diese hat hier, wie auch auf anderen Fachgebieten, auf die übrige Technik überaus befruchtend gewirkt. Deshalb ist es mir sehr wertvoll gewesen, mannigfache Erfahrungen, die im Heereswaffenamt auf dem Gebiet der Toleranzen und Lehren vorliegen, verwerten zu können. Ferner fühle ich mich Herrn Prof. Dr.-Ing. Kienzle von der Technischen Hochschule Berlin zu großem Dank verpflichtet, der mir in langjähriger Zusammenarbeit eine Fülle wertvoller Gedanken und Anregungen vermittelt hat.

Berlin, im Januar 1937. **Der Verfasser.**

Vorwort zur zweiten und dritten Auflage.

Zweieinhalb Jahre scheinen selbst in der schnellebigen Technikgeschichte nicht viel zu sein und dennoch erforderte die zweite Auflage eine gründliche Überarbeitung. Die Begriffe des Passungswesens wurden in Anlehnung an die letzten Beschlüsse des Passungsausschusses definiert, eine Reihe neuer Meßverfahren sind inzwischen in den Vordergrund getreten, den Formtoleranzen wurde eine besondere Abhandlung gewidmet und die wichtigsten Zahnradmeßverfahren dargestellt, soweit es der Rahmen dieses Buches zuzulassen schien. Bei dieser Gelegenheit wurde der Stoff übersichtlicher angeordnet, der frühere I. Teil „Gerätzeichnungen" in zwei Teile „Grundlagen" und „Toleranzen" geteilt, zur besseren Veranschaulichung wurden neue Abbildungen eingefügt und einige veraltete ausgeschieden. Gleichwohl konnte der größte Teil des Inhaltes ohne allzugroße Änderungen übernommen werden.

Für die mir von Herrn Prof. Dr. Berndt, Dresden, Herrn Obering. C. Büttner, Jena und aus dem Kreise meiner Mitarbeiter im Heerestechnischen Büro zugegangenen Anregungen danke ich an dieser Stelle herzlich. Wenn es mir gelingt, zum Verständnis für die Werkstattmeßtechnik beizutragen und in Werkstatt und Büro überflüssige und Fehlarbeit vermeiden zu helfen, so wird meine Mühe nicht umsonst gewesen sein.

Die dritte Auflage ist ein fast ungeänderter Neudruck der zweiten.

Berlin, im November 1940. **Der Verfasser.**

Inhaltsverzeichnis.

I. Grundlagen.

1. Gestaltung und Fertigung.

Für Reihen- oder Massenfertigung sind im wesentlichen folgende Betriebseinrichtungen nötig:

Fertigungsmittel:
- Werkzeugmaschinen,
- Vorrichtungen,
- Werkzeuge,

Prüfmittel:
- Lehren[1].

Die Werkzeugmaschine gibt Art und Richtung der Bewegung für die spanlose oder spangebende Verformung des Werkstückes; die Vorrichtung hält das Werkstück während des Arbeitsganges fest; das Werkzeug vollzieht die Verformung. Maschine, Vorrichtung und Werkzeug ermöglichen in ihrem Zusammenwirken, vermöge der Eigenart ihrer Konstruktion, eine bestimmte Arbeitsgenauigkeit, die mit der Lehre nachgeprüft wird.

Ein Gerätteil[2] ist entweder ein einfacher geometrischer Körper, der von ebenen oder gekrümmten Flächen begrenzt wird (Würfel, Rechtkant, Pyramide, Zylinder, Kegel, Kugel), oder ein aus einer Summe solcher geometrischer Körper bestehendes Gebilde. Die Form des so gestalteten Teiles wird durch die ihm zugedachte Funktion und Festigkeit sowie durch die Rücksicht auf die Fertigung mittels handelsüblicher oder gebräuchlicher und zweckmäßiger Maschinen und Werkzeuge bestimmt.

Am einfachsten zu erzeugen sind die drehende und die hin- und hergehende Bewegung. Je nachdem, welche Bewegungsart Werkstück und Werkzeug gleichzeitig ausführen, entstehen Ebenen oder Drehkörper; Ebenen beim Hobeln, Flachschleifen, Walzen- und Stirnfräsen; Drehung des Werkstückes bei gleichzeitiger geradliniger Bewegung des Werkzeuges erzeugt eine zylindrische, kegelige oder ebene Fläche oder ein Gewinde (Drehbank); Drehung des Werkstückes bei gleichzeitiger kreisförmiger Bewegung des Werkzeuges erzeugt eine Tonnenform oder eine Kugel;

[1] „Lehren" sind ausschließlich Meßgerät. Die vielfach noch angewandte Benennung „Bohrlehre" sollte durch „Bohrvorrichtung" ersetzt werden, im Gegensatz zur „Lochabstandlehre".

[2] Als Gerät werden im folgenden alle Erzeugnisse des Maschinenbaues, der Feinwerktechnik und der Elektrotechnik bezeichnet: technische Gebrauchsgegenstände, Maschinen, Waffen, Apparate, Fahrzeuge, Uhren usw.

drehendes und gleichzeitig vorgeschobenes Werkzeug bei stillstehendem Werkstück erzeugt einen Hohlzylinder, eine Bohrung oder auch mittels eines Hohlsenkers einen Vollzylinder, einen Zapfen (Bohrmaschine, Bohrwerk).

Durch die Anwendung von Getrieben lassen sich auch verwickeltere Formen erzeugen, doch lohnen sich solche Einrichtungen wegen der beschränkten Anwendungsmöglichkeit nur in Sonderfällen.

Ferner ist es möglich, verwickelte Formen in die Werkzeuge zu verlegen: Formstähle, Räumwerkzeuge, Formfräser, Werkzeuge für spanlose Formung. Beim Abwälzen drehen sich Werkstück und Formwerkzeug (Schneidrad beim Wälzhobeln oder Wälzfräser) gleichzeitig und das Werkzeug wälzt dabei die Form auf das Werkstück ab. Beim Kopieren wird ein Kopierstück das die gewünschte Form enthält, zur Führung des Werkzeuges benutzt. Die verwickelte Form erfordert in diesen Fällen nur am Werkzeug besonders hohe Kosten und diese verteilen sich auf alle mit dem Werkzeug gefertigten Werkstücke. Doch darf dabei nicht übersehen werden, daß die einfachen und maschinenmäßig herstellbaren Formen die billigsten und genauesten und oft auch dauerhaftesten Werkzeuge herzustellen gestatten.

Ähnlich liegen die Verhältnisse bei Lehren. Zudem sind für Welle und Bohrung die Lehren genormt oder handelsüblich, für den Abstand zweier Ebenen sind die Meßverfahren längst erprobt. Diese einfachen Fälle erfordern folglich keine oder nur sehr einfache konstruktive Vorbereitungen für die Beschaffung der Lehren.

Die vom Konstrukteur entworfene Form jedes Einzelteiles wird in einer Zeichnung in verschiedenen Ansichten und Schnitten nach den Gesetzen der Parallelprojektion dargestellt. Nach der Teilzeichnung, dem Ausdrucksmittel des Konstrukteurs, fertigt die Werkstatt, nach der Zusammenstellungszeichnung baut sie zusammen.

Die Zeichnung zeigt die Form und die Größe des dargestellten Gegenstandes. Der Größenangabe der einzelnen geometrischen Gebilde dienen die Maße.

2. Maßeinheiten.

Für die Maßangabe auf einer Zeichnung sind zwei Maßeinheiten erforderlich:

für Längenmaße (zu denen auch Durchmesser und Halbmesser zu rechnen sind) und

für Winkelmaße.

a) Längenmaße. Die Einheit für Längenmaße ist das Millimeter (mm). Der 1000. Teil eines Millimeters ist das Mikron (μ).

Das Milimeter ist der 1000. Teil des Pariser Urmaßstabes, der am 26. September 1889 als Urmeter erklärt wurde. Seit dieser Zeit hat sich herausgestellt, daß ein solcher Urmaßstab manche Nachteile besitzt.

Es hat sich vor allem gezeigt, daß er den in neuzeitlich eingerichteten Laboratorien erreichbaren Genauigkeiten nicht mehr genügt. Bei Vergleichsmessungen mit dem Urmeter können in der Bestimmung der Temperatur und des Wärmeausdehnungsbeiwertes auch heute noch Fehler enthalten sein, die Meßfehler in der Größenordnung von 0,5 μ zur Folge haben. Ferner wurden allmähliche Längenänderungen von der gleichen Größenordnung beobachtet, deren Ursachen noch nicht ganz erforscht sind.

Es ist ferner ein großer Nachteil des Urmaßes, daß es nur einmal vorhanden ist und auch seine Nachbildungen in jedem Lande nur in einer einzigen Ausführung bestehen. Folglich können die Urmaße einer Werkstatt erst auf einem großen Umwege von dem Urmeter abgeleitet werden. Die regelmäßige Nachprüfung erfolgt auf dem gleichen Umwege und ist mit viel Aufwand verknüpft, sie kann daher nur selten vorgenommen werden. Jeder Umweg bedeutet eine Fehlerquelle und die Fehler aller Vergleichsmessungen, die vom Urmeter zum Werkstatturmaß-Satz führen, können sich addieren.

Dem Werkstatt-Techniker mögen derart kleine Fehler bedeutungslos erscheinen, doch wird man zugeben müssen, daß an ein Urmaß, auch an ein Werkstatturmaß, größtmögliche Anforderungen zu stellen sind. Werden alle Teile in der gleichen Werkstatt gefertigt, so ist es gleichgültig, ob die Maßeinheit dieser Werkstatt richtig ist oder nicht, wenn sie nur ständig gleichbleibt. Werden jedoch Teile oder auch Lehren von außerhalb bezogen, so bringt jede Abweichung von der Maßeinheit die Gefahr, daß die Teile nicht zueinander passen; die Meßunsicherheit, die ohnehin vorhanden ist, wird vergrößert, und, um mit Sicherheit austauschbare Werkstücke zu erhalten, muß die Fertigungstoleranz der Werkstücke infolge der größeren Meßunsicherheit eingeschränkt werden. Von den ohnehin schon oft sehr kleinen Werkstücktoleranzen wird sich keine Werkstatt ohne Not auch nur ein kleines Stückchen abziehen lassen wollen.

Die weite Verbreitung der Meßkunde und ihr tiefes Eindringen in die Fertigung erfordern ein Urmaß, das unveränderlich und in jedem entsprechend eingerichteten Laboratorium verfügbar ist. Ein solches Urmaß glaubt man in der Lichtwellenlänge gefunden zu haben und hat daher für das (internationale) ISA-Passungssystem festgelegt:

„Die Spektrallinie ‚Cadmium rot' hat (unter bestimmten, im einzelnen genau festgelegten physikalischen Bedingungen) eine Wellenlänge von $643{,}84696 \cdot 10^{-9}$ m", d. s. $\sim 0{,}64\,\mu$.

Die Längenmaße sind in der Werkstatt in Lehren enthalten, die bei Temperaturschwankungen maßlichen Veränderungen unterliegen. Mit Rücksicht auf die verschiedenen Ausdehnungsbeiwerte der Metalle war es notwendig, eine bestimmte Temperatur anzugeben, bei der die Lehren das vorgeschriebene Maß aufweisen. Sie ist in DIN 102 mit 20° C festgesetzt. Diese Festlegung ist für das ISA-Passungssystem übernommen worden. Wird bei anderen Temperaturen gemessen, so müssen die Unterschiede der Ausdehnungsbeiwerte berücksichtigt werden. Damit große Werkstücke beim Messen die gleiche Temperatur haben wie die Lehren, müssen beide längere Zeit im gleichen Raum bei gleichbleibender Temperatur gelagert werden. Hierzu sind bis zu 24 Stunden nötig.

Bei 500 mm hat 1° Temperaturunterschied zwischen Lehre und Werkstück bereits einen Meßfehler von etwa $6\,\mu$ zur Folge. Teile aus Werkstoffen, die einen anderen Wärmeausdehnungsbeiwert haben, als der Lehrenwerkstoff, müssen bei 20° gemessen werden, denn ein Messingteil von 100 mm Länge ist bei 25° um $3{,}5\,\mu$ länger als die bei 20° genau gleich große Lehre, ein Aluminiumteil ist um beinahe $6\,\mu$ länger.

Alle Maßangaben beziehen sich auf die Meßkraft Null. Bei sehr genauen Messungen, die unter einer von Null verschiedenen Meßkraft ausgeführt werden, muß auf die Meßkraft Null umgerechnet werden. Bei Vergleichsmessungen unter gleichen Bedingungen erübrigt sich diese Rechnung.

b) Winkelmaße. Die Einheit für Winkelmaße ist der Bogengrad der 360°-Teilung. Daneben sind für Winkelmaße Verhältniszahlen gebräuchlich; durch die Angabe „Kegel 1:50" wird ausgedrückt, daß sich der Kegel auf 50 mm Länge, in der Achsrichtung gemessen, um 1 mm verjüngt, die „Neigung 1:10" entspricht einem Winkel von arc tg 0,1 (Bogenmaß) oder $\frac{360}{2\pi} \cdot \text{arc tg } 0{,}1$ (Bogengrade).

3. Benennungen.

Damit im folgenden keine Mißverständnisse entstehen, seien die wichtigsten Begriffe des Toleranz- und Passungswesens festgelegt, soweit

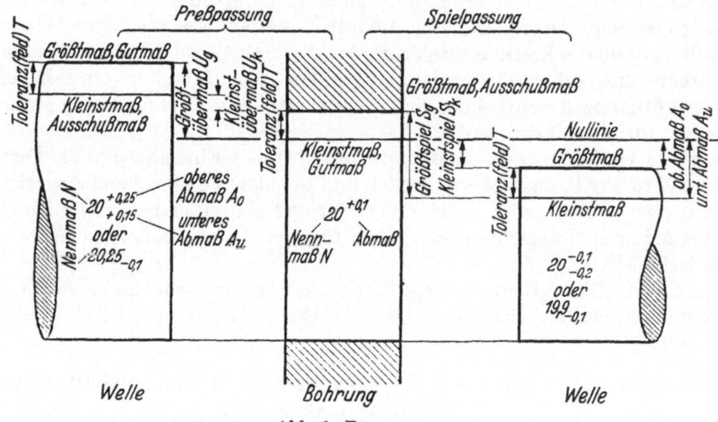

Abb. 1. Benennungen.

nicht deren Erläuterung an späterer Stelle im Zusammenhang zweckmäßiger erschien[1].

Zur Veranschaulichung dient Abb. 1, welche die gebräuchliche Darstellung von Toleranzen zeigt, bei der die Toleranzfelder vergrößert gezeichnet sind.

a) Maß- und Toleranzwesen. Als Maß wird der Zahlenwert für die Größe eines Körpers, z. B. für eine Länge, Breite, Höhe, Tiefe, Dicke, Weite, einen Abstand, Halbmesser, Winkel usf. in Maßeinheiten bezeichnet.

Das Istmaß ist das an einem bestimmten Werkstück durch Messen gefundene (und folglich stets mit einer Meßunsicherheit behaftete) Maß. Ein bestimmtes in einer Zeichnung oder Beschreibung vorgeschriebenes Maß kann mathematisch genau weder gefertigt noch gemessen werden; deshalb werden meist zwei

Grenzmaße angegeben, zwischen denen (die Grenzmaße selbst eingeschlossen) das Istmaß des Werkstückes beliebig liegen darf.

Das Größtmaß ist das größere der beiden Grenzmaße,

[1] Man vergleiche auch das Normblatt DIN 7182, das demnächst erscheint.

das Kleinstmaß ist das kleinere der beiden Grenzmaße; der Unterschied zwischen dem Größtmaß und dem Kleinstmaß ist die

Maßtoleranz[1] oder kurz Toleranz T.

Toleranz bedeutet in der Technik die Zulassung einer Ungenauigkeit in zahlenmäßig angegebenen Grenzen. Die Angabe einer Toleranz ist für alle meßbaren, d.h. durch Zahlenwerte ausdrückbaren, technischen Größen möglich, z.B. für die Festigkeit eines Werkstoffes (kg/mm^2), für die Dehnung (vH.), für chemische Werte (Legierungsbestandteile in vH.), für elektrische (Volt, Ampère), physikalische (Schwingungszahl in Hertz, Drehzahl in Uml./min, Wichte in g/cm^3) oder magnetische Größen (Feldstärke in Gauß).

Ferner kann man die Meßunsicherheit einer Messung oder Meßreihe durch Toleranzen ausdrücken. So besagt die Angabe einer Wichte in der Form 2,718 $\pm$ 0,003 g/cm^3, daß die Zahl 2,718 nur auf drei Einheiten der dritten Stelle hinter dem Komma verbürgt werden kann. Mitunter wird auf diese Weise auch der mittlere Meßfehler (arithmetisches Mittel der Abweichungen oder aber mittlere quadratische Streuung der Meßergebnisse) einer Meßreihe angegeben; dann ist die Lage des Istwertes innerhalb der Toleranz nicht unbedingt gewährleistet.

In der Werkstattstechnik haben Toleranzen immer nur die Bedeutung von zulässigen Toleranzen, und selbstverständlich muß das Meßverfahren genauer sein als die Werkstücktoleranz.

Das Toleranzfeld ist in der schaubildlichen Darstellung (Abb. 1) das Feld zwischen den Linien, die das Größtmaß und das Kleinstmaß angeben. Es gibt sowohl die Größe als auch die Lage der Toleranz an.

Das Gutmaß ist dasjenige Grenzmaß, das mit der Gutlehre, die sich über- oder einführen lassen muß, geprüft wird. Bei Wellen ist es das Größtmaß, bei Bohrungen das Kleinstmaß[2].

Entsprechend ist das Ausschußmaß dasjenige Grenzmaß, das mit der Ausschußlehre, die sich nicht über- oder einführen lassen darf, geprüft wird: Bei Wellen das Kleinstmaß, bei Bohrungen das Größtmaß.

b) Passungswesen. Mit Passung bezeichnet man die Beziehung zwischen zusammengefügten Teilen (z. B. Welle und Bohrung), die sich aus dem Maßunterschied dieser Teile vor dem Zusammenfügen ergibt. Zwei zueinander „passende“ Teile, z. B. Welle und Bohrung, haben entweder

Spiel (S), wenn die Welle kleiner als die Bohrung ist, und zwar ergibt sich aus den Grenzmaßen das

---

[1] Das Fremdwort „Toleranz“ ist beibehalten worden, vor allem weil es bei der internationalen Passungsnorm aus Zweckmäßigkeitsgründen gewählt wurde. Das Wort „Genauigkeit“, das statt dessen im Lehrenbau vielfach in der Zusammensetzung „Herstellungsgenauigkeit“ angewendet wird, führt zu Irrtümern, denn es hat den umgekehrten Sinn wie die Toleranz: Eine doppelt so große Genauigkeit ist gleichbedeutend mit einer halb so großen Toleranz.

[2] Bei den ISA-Passungen liegt das Herstellungstoleranzfeld der Gutlehre mit Rücksicht auf die Abnutzung derselben innerhalb des Werkstücktoleranzfeldes. Die neue Gut-Arbeitslehre hat folglich nicht das Gutmaß der Gerätzeichnung. Siehe Abb. 111 und DIN 7150, Blatt 2.

Größtspiel S_g als der Unterschied zwischen Größtmaß der Bohrung und Kleinstmaß der Welle, und das

Kleinstspiel S_k als der Unterschied zwischen Kleinstmaß der Bohrung und Größtmaß der Welle,

oder die beiden Teile haben

Übermaß U (negatives Spiel), wenn vor dem Zusammenfügen die Welle größer als die Bohrung ist, und zwar ergibt sich das

Größtübermaß U_g als der Unterschied zwischen Größtmaß der Welle und Kleinstmaß der Bohrung, und das

Kleinstübermaß U_k als der Unterschied zwischen Kleinstmaß der Welle und Größtmaß der Bohrung.

Entsprechend den hieraus sich ergebenden Möglichkeiten unterscheidet man Spiel-, Übergangs- und Preßpassungen; Spielpassungen haben immer Spiel, Preßpassungen haben immer Übermaß, das beim Zusammenfügen eine Pressung erzeugt, bei Übergangspassungen können je nach Auswirkung der Toleranzen Spiel und Übermaß ineinander „übergehen".

Unter der *Paßtoleranz* P versteht man die Toleranz einer Passung, nämlich die Schwankung des Spieles oder Übermaßes, die sich als Summe der beiden Toleranzen ergibt. Entsprechend dem Toleranzfeld ist das

Paßtoleranzfeld in der schaubildlichen Darstellung (z. B. DIN 7154) das Feld zwischen den Linien, die das Größtspiel und das Kleinstspiel bzw. -Übermaß angeben. Es gibt sowohl die Größe als auch die Lage der Paßtoleranz an.

Das Wort „Sitz" besagt praktisch das gleiche wie das Wort „Passung"; deshalb wurde in DIN 7182 nur noch das Wort „Passung" aufgenommen.

Eine „Passung" kann nur durch das irgendwie geartete Zusammen„passen" *zweier* (oder auch mehrerer) Bauteile entstehen. Somit kann eine Passung nicht an einem Einzelteil für sich bestehen, ohne Bezug auf das Gegenstück; hier handelt es sich vielmehr um ein Toleranzfeld und erst aus dem Zusammentreffen zweier oder mehrerer Toleranzfelder entsteht ein Paßtoleranzfeld von bestimmter Größe und Lage. Man kann ein Paßtoleranzfeld ebenso wie ein Einzeltoleranzfeld auch durch Zahlen ausdrücken, anstatt es bildlich darzustellen. So bedeutet z. B. $\genfrac{}{}{0pt}{}{+80}{+30}\,\mu$ oder $\genfrac{}{}{0pt}{}{+0{,}08}{+0{,}03}$ mm, daß eine Passung ein Größtspiel von 80 μ und ein Kleinstspiel von 30 μ aufweist. Negative Zahlen bedeuten Übermaß.

Während beim Fügen einer Spielpassung die Bauteile nicht wesentlich verändert werden, müssen sie sich beim Vorhandensein eines Übermaßes elastisch oder plastisch verformen, außerdem wird je nach der Art des Zusammenfügens die Oberfläche mehr oder weniger geglättet. Die durch das Übermaß erzeugten Spannungen in den Bauteilen bewirken Reibung in der Preßfuge und infolgedessen ist zum Verschieben oder Verdrehen der Teile gegeneinander eine bestimmte Kraft oder ein bestimmtes Drehmoment erforderlich. Nachdem *Kienzle* und *Werth*[1] die Grundlagen für die rechnerische Beherrschung von Preßpassungen gegeben

[1] Siehe Schrifttum Nr. 32 und 56.

haben, können diese mit großem Vorteil bei der Gestaltung mehr als bisher angewendet werden.

Durch die Größe und Lage des Paßtoleranzfeldes erhält jede Passung eine bestimmte

Paßeigenart (Passungscharakter), die jedoch außerdem noch beeinflußt wird durch die Lage der Istmaße der Werkstücke innerhalb der Einzeltoleranzfelder, nämlich bei einer größeren Stückzahl die Art der Verteilung auf das Toleranzfeld.

II. Toleranzen.

1. Maßeintragung.

Es ist keineswegs gleichgültig, in welcher Weise die Maße in die Gerätzeichnung eingetragen werden, ob sie von dieser oder jener Werkstückkante ausgehen, ob eine Lochreihe gleich einer Kette von Loch zu Loch bemaßt wird oder die Abstandmaße für alle Bohrungen einzeln von einer gemeinsamen Ausgangsfläche aus angegeben werden. Dies gilt ganz besonders für Maße, die mit bestimmter Genauigkeit gefertigt und folglich mit Toleranzen versehen werden müssen.

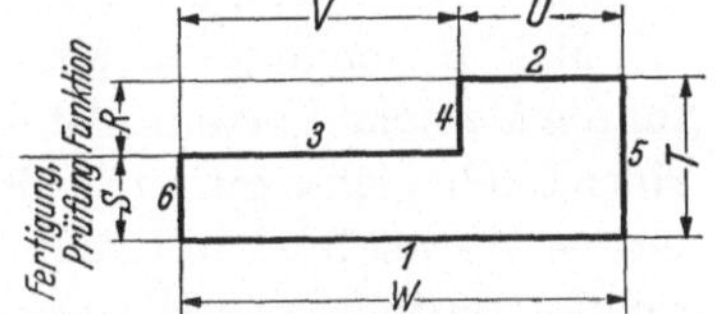

Abb. 2. Funktions-, Fertigungs- und Prüfmaße.

Für die Art der Maßeintragung sind drei Gesichtspunkte richtunggebend:

1. Funktion,
2. Fertigung (Werkzeugmaschine, Vorrichtung, Werkzeug),
3. Prüfung (Lehre).

Es kommt oft vor, daß diese drei Punkte ganz verschiedene Arten der Maßeintragung erfordern, und es ist die Aufgabe des Konstrukteurs, einen Mittelweg zu finden, so daß das Teil seinen Zweck erfüllt und wirtschaftlich gefertigt und geprüft werden kann.

Die Forderungen, die die Funktion berühren, sind dem Konstrukteur von vornherein geläufig. Als Schöpfer der Konstruktion wird er sofort sagen können, welches bei dem einzelnen Teil die funktionstechnisch richtige Maßeintragung wäre. Aber es ist notwendig, daß bei der Fertigung auch die angegebenen Maße unmittelbar ohne Umwege entstehen. Die Gründe für diese Notwendigkeit werden noch eingehend dargelegt. Ferner ist es einleuchtend, daß bei jedem Arbeitsgang das Maß so gemessen werden muß, wie es gefertigt wird; doch nicht immer ist mit dem besten Fertigungsverfahren auch das beste Meßverfahren gegeben.

Abb. 2 zeigt ein ganz einfaches Gerätteil, an dem diese Bezeichnungen untersucht werden können. Zunächst sei angenommen, daß das Maß R für die Funktion von Wichtigkeit ist.

Die Werkstatt wird zuerst die Flächen 1 und 2 bearbeiten oder gezogenes Halbzeug verwenden. Die Fertigung der Fläche 3 nach dem Maß R wird mit einer einfachen Vorrichtung (Schraubstock mit Sonderbacken) auf einer Waagerecht-Fräsmaschine oder Kurzhobelmaschine erfolgen, während das Werkstück auf der Fläche 1 aufliegt. Um das Maß R möglichst genau zu erreichen, muß man das Werkzeug jedesmal auf der Fläche 2 aufsitzen lassen und dann den Tisch um den Betrag R heben. Das ist bei Mengenfertigung unwirtschaftlich.

Würde man in Anlehnung an die Maßangabe R im Maschinenschraubstock eine Anlage für die Fläche 2 schaffen, so hätte das den Nachteil, daß die senkrechte Teilkraft des Schnittdruckes allein von der Reibung an den Schraubstockbacken aufgenommen werden muß. Die andere Möglichkeit, in einer Vorrichtung auf die Fläche 1 gegen eine feste Anlage für Fläche 2 zu spannen, ist ebenfalls unvorteilhaft, denn das Werkzeug arbeitet gegen die Spannung, der Schnittdruck sucht das Stück von der Anlagefläche 2 abzuheben. Beide Arten des Spannens vermeidet man bei schweren Schnitten nach Möglichkeit.

Fertigungstechnisch am besten ist die Auflage auf der Fläche 1. Bei bleibender Einstellung des Werkzeugmaschinentisches entsteht dann nicht das Maß R, sondern das Maß S. Diese Art der Maßeintragung hat auch für die Messung Vorteile, denn das Maß S ist ein Wellenmaß und kann mit einer Rachenlehre gut und mit großer Meßsicherheit geprüft werden. Das fertige Werkstück kann zwar erst gemessen werden, nachdem es der Vorrichtung entnommen ist; aber dies ist ein Nachteil, der bei Mengenfertigung unwesentlich ist und nicht immer vermieden werden kann. Das Maß R dagegen ist ein Tiefenmaß, die Messung ist schwieriger und unsicherer. Dazu kommt noch, daß für S eine normale Rachenlehre anwendbar ist, während R eine Sonderlehre erfordert.

Man erkennt, daß aus fertigungs- und lehrentechnischen Gründen die Maßeintragung S vorteilhafter ist. Dann entsteht aber das für die Brauchbarkeit wichtige Maß nicht unmittelbar, sondern mittelbar über das Hilfsmaß T, und es ist $R = T - S$.

Für jedes dieser Maße T und S braucht die Werkstatt eine Fertigungstoleranz. Nimmt man für beide Maße eine Toleranz von —0,1 an, so kann in den äußersten Fällen

T entweder gleich T oder gleich $T - 0{,}1$ und

S entweder gleich S oder gleich $S - 0{,}1$ werden. Dann kann R in einem Grenzfall gleich

$T - (S - 0{,}1) = R + 0{,}1$, im anderen gleich

$(T - 0{,}1) - S = R - 0{,}1$ werden, d. h. R kann um 0,2 schwanken. Man sieht, daß sich die Toleranzen addieren. Der Vorteil besserer Fertigung und Messung wurde damit erkauft, daß an Stelle einer großen (0,2) zwei kleine (0,1) Toleranzen vorgeschrieben sind. Man wird trotzdem diese Maßeintragung wählen, wenn das Maß T ohnehin toleriert werden muß.

Wenn aber die Funktionstoleranz von R sehr klein sein muß, so klein, daß die Einhaltung der sich daraus durch Aufteilung ergebenden Toleranzen von S und T mit gewöhnlichen Fertigungsmitteln Schwierigkeiten macht und zuviel Ausschuß ergibt, dann wird nichts anderes übrigbleiben, als R und T einzutragen und eine verwickeltere Vorrichtung und kleineren Vorschub bei der Bearbeitung in Kauf zu nehmen. Wenn das letzte an Verbilligung herausgeholt werden soll, kann nur eine genaue Kostenrechnung und Gegenüberstellung der beiden Verfahren entscheiden. Bei dieser Rechnung spielt selbstverständlich die zu fertigende Stückzahl eine wesentliche Rolle.

Bei der Fläche 4 ist für die Fertigung und Prüfung die Maßangabe U zweckmäßiger als V. Dies ergibt eine einfache Überlegung an Hand des vorstehenden. Es ist jedoch nicht zweckmäßig, beide Maße U und V einzutragen, wenn außerdem noch die Summe W (als Gesamtmaß des Stückes) notwendig ist. Wird eines von diesen Maßen einmal geändert, so muß stets ein zweites mitgeändert werden, und dies ist eine unerschöpfliche Quelle von Fehlern. Aus dem gleichen Grunde sollte auch jedes Maß nur einmal eingetragen und nicht in verschiedenen Ansichten und Schnittdarstellungen wiederholt werden. Ausnahmen von dieser Regel sind nur bei sehr verwickelten Stücken zur Verdeutlichung der Zeichnung zu empfehlen. Die Werkstatt gewöhnt sich erfahrungsgemäß sehr schnell an diese Gepflogenheit. Voraussetzung ist, daß die Maße dort angegeben werden, wo sie am ehesten gesucht werden.

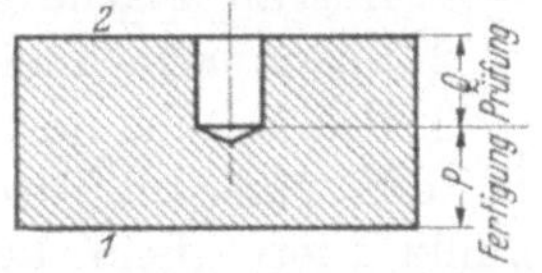

Abb. 3. Fertigungs- und Prüfmaß.

Ein weiteres Beispiel zeigt Abb. 3, eine Bohrungstiefe. Für die Fertigung mag das Maß P zweckmäßiger erscheinen: Auflage auf der Fläche 1 und fester Anschlag an der Bohrmaschine. Eine Lehre für P würde aber so verwickelt werden, daß unbedingt Maß Q vorzuziehen ist, vor allem dann, wenn aus Funktionsgründen eine große Toleranz zugelassen werden kann.

Bei der Maßeintragung in einer Werkstückzeichnung wird man nach vorstehendem zweckmäßig so vorgehen, daß man sich zunächst über alle Funktionsmaße und die hierfür erforderlichen Toleranzen Klarheit verschafft; sodann wird festzustellen sein, welche Maße als Zusammenbaumaße von Wichtigkeit sind und eine Toleranz erhalten müssen. Hierbei kann sowohl an den Zusammenbau bei der Fertigung als auch an austauschbare Ersatzteile gedacht werden.

Nachdem das geschehen ist, ist es eine unumgängliche Notwendigkeit, daß entweder der Konstrukteur selbst oder das Arbeitsvorbereitungsbüro in großen Zügen und wenigstens in Gedanken einen Fertigungsplan aufstellt; bei verwickelten Werkstücken ist es sehr zu empfehlen, den Fertigungsplan in Stichworten zu Papier zu bringen, damit der richtige Ablauf der Arbeitsgänge sichergestellt ist. Ja, es wird sogar manchmal notwendig sein, wichtige Vorrichtungen und Lehren in ein paar Strichen zu skizzieren.

Bei dieser Arbeit wird sich dann sehr häufig herausstellen, daß die Maßeintragung und Tolerierung, so wie sie für Funktion und Zusammenbau vorläufig ermittelt waren, nicht so bleiben können, sondern daß Maßumschreibungen notwendig werden, bei denen dann eine Aufteilung der gegebenen Toleranzen eintritt.

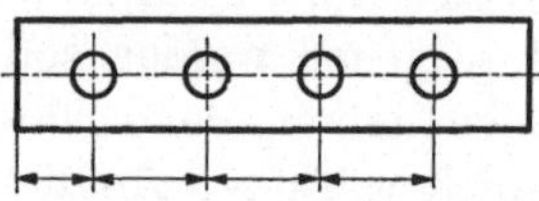

Abb. 4. Lochreihe, Kettenmaße.

Beim Vorrichtungsbau für spangebende Formung ist der Gedankengang außerordentlich einfach; er kehrt, mit kleinen Abweichungen, immer wieder:

1. Ausgangsfläche (Fläche, Bohrung, Zapfen usw.),
2. Spannmöglichkeit,
3. Bearbeitung und Genauigkeit.

Bei der spanlosen Formung ist er ganz ähnlich, meist fällt dann noch Punkt 2 fort. Beim Lehrenbau heißt es: Ausgangsfläche, Meßvorgang, Genauigkeit.

Aus den vorstehenden Darlegungen und aus den danach an praktischen Beispielen durchgeführten Betrachtungen wird man zwei wichtige Erkenntnisse für die Bemaßung von Werkstattzeichnungen schöpfen.

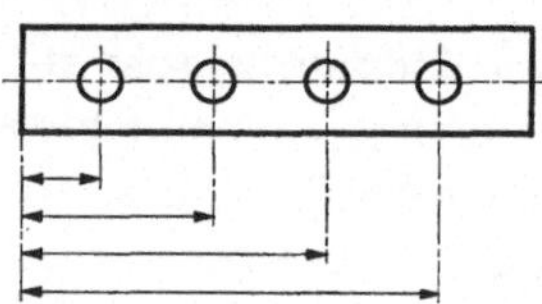

Abb. 5. Lochreihe, Maßangabe von einer Fläche aus.

1. Jedes Maß hat zwei Enden, die äußerlich so aussehen, als ob sie gleichartig und gleichberechtigt seien. Doch das ist nicht so! Viele Maße laufen in einer bestimmten Richtung, sie führen von einer irgendwie gestalteten Fläche zu einer anderen und nicht umgekehrt, wobei die erste Fläche bereits fertig ist und die zweite zu fertigen ist. Ein Beispiel hierfür ist das Maß S in Abb. 2: Es führt von der Fläche 1 auf die Fläche 3. Als weiteres Beispiel sei das Maß von einer Fläche zu einer Bohrung genannt. Diese Eigenschaft besitzen nicht alle Maße, z. B. Wellen- und Bohrungsdurchmesser.

2. Daraus folgt: Durch die Art der Maßeintragung wird die Reihenfolge und Art der Fertigungsgänge bis zu einem gewissen Grade festgelegt. Wird ein toleriertes Maß bei der Fertigung auf Umwegen erreicht, so muß die Toleranz der Zeichnung aufgeteilt werden.

Nunmehr wird man erkennen, daß es nicht richtig ist, eine Lochreihe so zu bemaßen, wie in Abb. 4 angedeutet, sobald es auf die Lage der Bohrungen irgendwie ankommt und Toleranzen eingeschrieben werden müssen. Für die Vorrichtung ist eine gemeinsame Ausgangsfläche oder -bohrung notwendig; dies wird bei der Bemaßung nach Abb. 5 zum Ausdruck gebracht.

Der Einwand, daß die Genauigkeit in der Bohrvorrichtung liege und von der Art der Maßeintragung nicht beeinflußt werde, versagt, wenn man beginnt, Toleranzen einzutragen, und bedenkt, daß sie sich am Ende der Kette addieren.

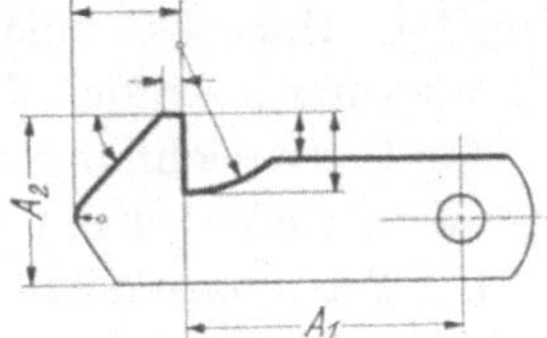

Abb. 6. Sperrhaken. A_1, A_2 = Ausgangsmaße für Formwerkzeug. Die zu fertigende Form ist dick ausgezogen.

Für die Arbeitsvorbereitung (Aufstellung der Fertigungspläne, Entwurf der Vorrichtungen, Werkzeuge und Lehren) und für die Fertigung ist von großem Wert, wenn für möglichst viele Maße die gleichen Ausgangsflächen, -bohrungen oder -zapfen benutzt werden. Diese Flächen sollen möglichst groß sein und die sichere Aufspannung während des Arbeitsganges ermöglichen, ohne daß das Werkstück verspannt wird. Mitunter wird man besondere Flächen vorsehen müssen, die für den Verwendungszweck des Teiles nicht erforderlich sind oder später weggearbeitet werden müssen.

Die Beurteilung der Maßeintragung vom fertigungstechnischen Standpunkt fällt anders aus, wenn mit Formwerkzeugen (Formfräser, Satzfräser, Formstahl) oder mit Schnittwerkzeugen (Folgeschnitt, Gesamtschnitt) gearbeitet wird. Dann wird es zweckmäßiger sein, die Maße in Anlehnung an die Werkzeugzeichnung, innerhalb der Werkzeugform, anzugeben, und nicht alle Maße von einer Fläche aus. Die angegebenen Toleranzen sind dann wertvolle Anhaltspunkte für den Werkzeugkonstrukteur, der so in der Lage ist, die Toleranzen unmittelbar in das Werkzeug hineinzuarbeiten, z. B. das Durchmesserverhältnis eines Fräsersatzes oder die Form eines Schnittstempels. Dies gilt freilich nur, wenn nicht schwerwiegende funktions- und lehrentechnische Bedenken entgegenstehen. Ausgangsmaße für die Bearbeitung werden jedoch auch in diesem Falle notwendig sein. Beispiele hierfür zeigen Abb. 6 und 7.

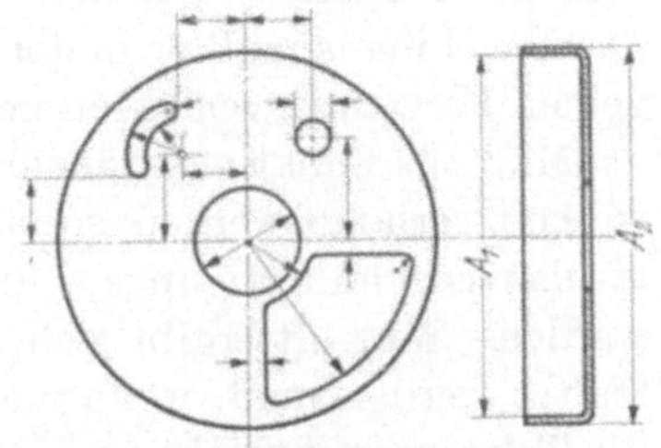

Abb. 7. Stanzteil. A_1 oder A_2 = Ausgangsfläche, daher Bemaßung von den Mittellinien aus.

Manchmal wird die Frage Schwierigkeiten verursachen, ob ein Teil in Gebrauchs- (Funktions-) oder in Fertigungslage darzustellen und zu bemaßen ist. Im allgemeinen wird die Fertigungslage vorzuziehen sein, denn es empfiehlt sich nicht, ein Teil schiefliegend zu zeichnen und durch waagerechte und senkrechte Koordinaten zu bemaßen. Die Gebrauchslage ist dann vorzuziehen, wenn sehr enge Toleranzen erforderlich sind und die Funktionsmaße nur auf diese Art richtig wiedergegeben werden können. Dann muß eine unbequemere Fertigung und Prüfung in Kauf genommen werden.

2. Arten der Toleranzen.

Die wichtigste Voraussetzung für toleranztechnisches Denken und damit für das gewandte Umgehen mit Toleranzen ist **die Vorstellung, daß kein Maß mathematisch genau eingehalten wird.** Die zulässigen Grenzen für die unvermeidlichen Maßschwankungen werden der Werkstatt durch die Angabe einer Toleranz in der Gerätzeichnung gegeben. Innerhalb des Toleranzfeldes dürfen die Werkstücke **beliebig** ausfallen.

Die Toleranzen müssen vom Konstrukteur vorgeschrieben werden und ihre Wahl darf keinesfalls etwa der Arbeitsvorbereitung oder der Werkstatt überlassen werden. Denn der Konstrukteur vermag am besten zu übersehen, auf welche Maße es besonders ankommt und wie groß für jedes einzelne Maß die Toleranz sein darf. Wenn sich erst wieder andere Werksangehörige in die Konstruktion so weit vertiefen müssen, daß sie die erforderlichen Toleranzen, Spiele und Übermaße einwandfrei beurteilen können, so ist dies eine unerhörte Arbeitsverschwendung. Folglich muß der Konstrukteur die Fertigung soweit beherrschen, daß er nicht nur weiß, wie die von ihm entworfenen Teile herstellbar sind, sondern auch beurteilen kann, welche Toleranz bei einem bestimmten Fertigungsverfahren eingehalten und einwandfrei gemessen werden kann. Darüber hinaus muß er in der Lage sein, die Wirtschaftlichkeit der einzelnen Fertigungsverfahren gegeneinander abzuwägen.

Muß aus Funktionsgründen an irgendeiner Stelle eines Gerätes Spielfreiheit verlangt werden, so müssen im Konstruktionsbüro die konstruktiven und fertigungstechnischen Voraussetzungen dafür geschaffen werden. Sehr oft ergibt sich, daß eine Konstruktion wesentlich umgestaltet werden muß, wenn nicht bereits beim ersten Entwurf auch an die Toleranzen gedacht wurde.

Die geforderte Vorstellung, daß alle Maße Schwankungen unterliegen, muß aber noch einen Schritt weitergehen. Wir sind daran gewöhnt, uns die Bauteile als ideale geometrische Gebilde vorzustellen mit mathematischen Ebenen, Zylinder-, Kegel-, Kugel-, Schraubenflächen usw. Nun sind aber die bei der spanlosen und spangebenden Formung erzeugten Flächen durchaus keine mathematischen Flächen, sondern dreidimensionale Gebilde; sie können innerhalb des durch die Toleranz gegebenen Bereiches unregelmäßige oder periodische Erhebungen oder Vertiefungen aufweisen, die Ebenen oder die Erzeugenden von Drehflächen können schiefstehen oder von ihrer idealen Form abweichen, es kann sogar vorkommen, daß diese Abweichungen die Toleranzgrenzen überschreiten, ohne daß dies bei den üblichen Meßverfahren bemerkt wird.

Nunmehr sind also drei Arten von Toleranzen zu unterscheiden:

1. Maßtoleranzen,
2. Formtoleranzen[1],
3. Toleranzen für die Oberflächenrauhigkeit.

Von diesen werden die Maßtoleranzen weitaus am meisten angewendet. Die Notwendigkeit, besondere Angaben über Formabweichungen zu machen, zeigt sich bisher nur vereinzelt, nämlich dann, wenn aus funktionellen Gründen besonders hohe Anforderungen gestellt werden müssen, die nur durch bestimmte Fertigungsverfahren erfüllbar sind; jedoch gewinnt die Frage zunehmend an Bedeutung. Für die Oberflächenrauhigkeit sind durch die genormten Oberflächenzeichen gewissermaßen nur die unteren Grenzen festgelegt und diese sind recht unsicher definiert.

3. Schreibweise der Maßtoleranzen.

a) Zahlenmäßige Angabe. Für die zahlenmäßige Angabe von Toleranzen in Zeichnungen und sonstigen Vorschriften hat sich allgemein folgende Schreibweise eingeführt, z. B.: $20^{+0,2}$. Man bezeichnet hierbei 20 als das Nennmaß und $+0{,}2$ als das Abmaß (vgl. Abb. 1).

Das Nennmaß N ist das Maß, welches auf Zeichnungen, in Schriftstücken usw. genannt ist und auf welches die Abmaße bezogen werden. Man wird hierfür zunächst möglichst eine genormte Zahl nach DIN 3 oder DIN 323 wählen.

Bei Mengenfertigung wird im allgemeinen nicht mit Lehren gemessen, die das Istmaß des Werkstückes anzeigen, sondern nur mit Grenzlehren, die die Grenzmaße enthalten. Für diese Lehren und ihre Anwendung ist es gleichgültig, ob ihre Maße runde oder Bruchzahlen sind. Im übrigen ergeben sich bei den ISA-Toleranzen auch dann gebrochene Zahlen für die Lehrenmaße, wenn die Nennmaße glatte Zahlen sind.

Das Abmaß A[2] gibt die Grenze der zulässigen Abweichung vom Nennmaß an. In dem Beispiel $20^{+0,2}$ soll das Istmaß des Werkstückes zwischen den Grenzmaßen 20 und 20,2 liegen. Das Abmaß kann positiv oder negativ sein, und es können zwei Abmaße angegeben werden, die gleiche oder verschiedene Vorzeichen haben. In diesem Fall wird dasjenige Abmaß, welches das Größtmaß angibt, als oberes Abmaß A_o bezeichnet und erhöht geschrieben, das andere ist das untere Abmaß A_u und wird etwas tiefer geschrieben als das Nennmaß. Ist nur ein Abmaß angegeben, so ist in Gedanken als zweites stets „Null" zu ergänzen. Haben die Abmaße verschiedene Vorzeichen und sind sie gleich groß, so schreibt man z. B. $20{,}1^{\pm 0,1}$. Man kann diese Toleranz auch z. B. in folgenden

[1] Nicht zu verwechseln mit Toleranzen für eine (zusammengesetzte) „Form", die in Abschnitt III 4f behandelt werden.

[2] In diesem Falle das Grenzabmaß, im Gegensatz zum Istabmaß = Istmaß minus Nennmaß.

Formen schreiben: $20{,}2_{-0{,}2}$; $20^{+0{,}2}$; $19{,}9^{+0{,}3}_{+0{,}1}$; $20{,}3^{-0{,}1}_{-0{,}3}$. Alle diese Beispiele besagen das gleiche, die Schreibweise hat auf das Ausfallen der Istmaße am Werkstück keinen Einfluß. Man erkennt, daß bei der Fertigung das Nennmaß bei einigen Beispielen gar nicht erreicht werden darf.

Schreibt man beispielsweise in Abb. 1 links: $20{,}25_{-0{,}1}$ statt $20^{+0{,}25}_{+0{,}15}$ so hat die Welle ein anderes Nennmaß (20,25) als die Bohrung (20).

Das Nennmaß kann auch gleich Null sein, beispielsweise bei einem niedrigen Arbeitsabsatz, der mit Rücksicht auf zwei verschiedene Arbeitsgänge vorgesehen wird, aber ebensogut auch verschwinden kann: $0^{+0{,}2}$.

Welche Schreibweise soll nun im einzelnen Fall gewählt werden?

An sich ist die Schreibweise vollkommen gleichgültig, doch wird es zweckmäßig sein, nach einer bestimmten Richtlinie zu verfahren.

Man kann die Toleranzen so schreiben, daß zusammengehörige Werkstücke die gleichen Nennmaße haben. Abb. 1 zeigt, daß dann in vielen Fällen zwei Abmaße angegeben werden müssen: Zur Bohrung $20\varnothing^{+0{,}1}$ gehört beispielsweise die Welle $20\varnothing^{-0{,}1}_{-0{,}2}$ oder die Welle $20\varnothing^{+0{,}25}_{+0{,}15}$.

Man kann ferner grundsätzlich $\pm$ - Toleranzen angeben.

Wiederum ein anderer Gesichtspunkt wäre die Abnutzung der Werkzeuge. Beim Drehen einer Welle auf dem Automaten oder der Revolverbank hat die Abnutzung der Werkzeuge das allmähliche Größerwerden der anfallenden Teile im Laufe der Fertigung zur Folge und man würde sinngemäß schreiben können: $20\varnothing^{+0{,}2}$, für eine Bohrung entsprechend: $20\varnothing_{-0{,}2}$. Bei der spanlosen Formung läßt sich die Abnutzungsrichtung der Werkzeuge nicht immer eindeutig bestimmen.

Schließlich können für die Wahl der Schreibweise Überlegungen zugrunde gelegt werden, die sich auf die Lehrung beziehen. Eine Welle mit den Toleranzgrenzen 19,8 ∅ und 20 ∅ wird mit zwei Rachenlehren geprüft, die diese Maße haben. Die Lehre mit dem Maß 20 muß hinübergehen, die Lehre mit dem Maß 19,8 darf sich nicht überführen lassen. Die erste wird Gutlehre, die zweite Ausschußlehre genannt. Beim Prüfen einer Bohrung dagegen liegen die Verhältnisse umgekehrt: Der kleinere Lehrdorn muß sich einführen lassen, der größere darf nicht hineingehen, sondern höchstens anschnäbeln. Legt man nun fest, daß die Gutlehre dem Nennmaß und die Ausschußlehre dem Abmaß entsprechen soll, so muß man alle Wellen mit Minustoleranzen ($20_{-0{,}2}$) und alle Bohrungen mit Plustoleranzen ($19{,}8^{+0{,}2}$) schreiben.

Für diese Regelung spricht noch ein weiterer Gesichtspunkt: der der „Fertigungsrichtung" bei spangebender Formung. Wird eine Welle, für die die Toleranzgrenzen 19,8 ∅ und 20 ∅ gegeben sind, aus gewalztem Werkstoff von 22 ∅ abgedreht, so ist sie „noch nicht gut" im Sinne der Toleranzvorschrift, solange sie dicker ist als 20 ∅. Dreht man weiter dünne Späne herunter bis auf ein Maß, das zwischen 19,8 und 20 liegt, so ist sie „gut". Dreht man weiter, kleiner als 19,8, so wird sie „Ausschuß", reif für den Schrott. Die „Fertigungsrichtung" geht folglich bei der Welle nach Minus, bei der Bohrung nach Plus.

Bei der Schreibweise, die sich auf die Lehrung und auf die Fertigungsrichtung stützt, muß auf die Gleichheit der Nennmaße bei zusammengehörigen Werkstücken verzichtet werden; diese bietet im allgemeinen nur für den Konstrukteur, der die Maße prüft und Bauteile miteinander vergleicht, eine gewisse Bequemlichkeit, für die Werkstatt ist sie bedeutungslos. Die Schreibweise hat den Vorzug, daß immer nur ein Abmaß geschrieben zu werden braucht und dadurch die Zeichnungsangaben übersichtlicher werden (Abb. 8). Ferner erhalten Lehren für die gleichen Grenzmaße auch die gleiche Aufschrift, dadurch wird die Wiederverwendung an anderer Stelle erleichtert.

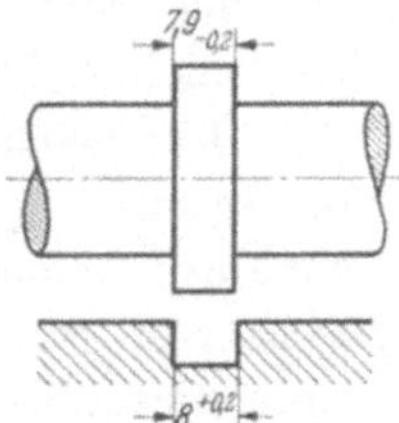

Abb. 8. Verzicht auf gleiche Nennmaße, aber nur je ein Abmaß.

Aus diesen Gründen wird vielfach nach der Regel verfahren, daß alle tolerierten Wellen ein negatives, alle tolerierten Bohrungen ein positives Abmaß erhalten[1].

Bei Lochabstandmaßen läßt sich eine ausgesprochene Fertigungsrichtung nicht angeben, das Maß soll vielmehr mit einer bestimmten Genauigkeit getroffen werden. Ausschuß wird das Stück bei zu großer Abweichung nach beiden Richtungen. Solche Maße werden daher zweckmäßig mit $\pm$-Abmaßen versehen, z. B. $50 \pm 0{,}1$. Wenn dagegen im Beispiel der Abb. 9 zuerst die Bohrung 9 ⌀ F 8 und dann, von dieser ausgehend, die beiden Flächen *A* und *B* gefertigt werden sollen, so muß offenbar das Maß 30 ein negatives und das Maß 25 ein positives Abmaß erhalten, wenn man entsprechend der Fertigungsrichtung tolerieren will.

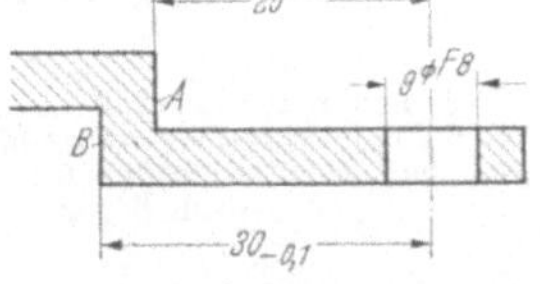

Abb. 9. Fertigung der Flächen *A* und *B* von der Bohrung 9 ⌀ F 8 ausgehend.

Beim Abstand gleichgerichteter Flächen (*A* und *B* in Abb. 10), einem sog. Tiefenmaß, läßt sich eine Ausschußrichtung nicht bestimmen, denn das Werkstück ist nicht unbedingt Ausschuß, wenn die Grenzen der Zeichnungstoleranz ($12^{+0,1}$) über- oder unterschritten sind; durch Nachdrehen einer der beiden Flächen kann es gerettet werden, vorausgesetzt, daß nicht andere Toleranzen ($30^{+0,15}$) dadurch gefährdet werden.

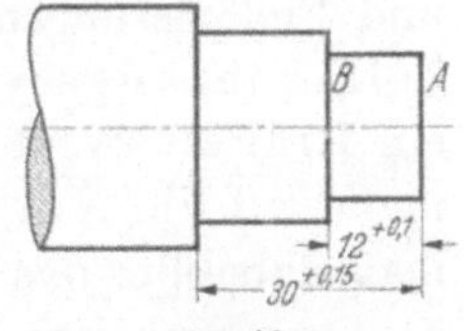

Abb. 10. Fertigungsrichtung, *A* ist Ausgangsfläche.

Betrachtet man die Fläche *A* in Abb. 10 als Ausgangsfläche für die Maße 12 und 30, so geht die Fertigungsrichtung offenbar in der Abbildung nach links. Dann sind 12 und 30 als Gutmaße und 12,1 und 30,15 als Ausschußmaße anzusprechen. Würde man die Fläche *B* zum Ausgang der Fertigung nehmen, so müßte nach obiger Richtlinie geschrieben werden: $12{,}1_{-0,1}$.

[1] Die hier und im folgenden gemachten Vorschläge für die zahlenmäßige Angabe von Toleranzen sind der Heergerätnorm HgN 106 06 entnommen; diese Schreibweise ist für Zeichnungen der Wehrmacht vorgeschrieben. Das Normblatt kann durch den Beuth-Vertrieb, G. m. b. H., Berlin SW 68, Dresdener Str. 97, bezogen werden.

Abb. 11 zeigt eine Schreibweise für Symmetrietoleranzen. Der gebrochene Linienzug mit der Angabe $\pm$ 0,1 bringt zum Ausdruck, daß der Schlitz 6 D11 höchstens um 0,1 mm unsymmetrisch zur Welle 20 ⌀h5 liegen darf. Das Nennmaß Null wird hierbei fortgelassen. Die Lage der beiden Knickstellen zeigt an, auf welche Flächen sich die Toleranz bezieht.

b) Kurzzeichen. Für die verschiedensten Verwendungsgebiete sind Toleranzen in bezug auf die Größe und die Lage zum Nennmaß in Paßsystemen genormt. Ein Paßsystem ist eine planmäßig aufgebaute Reihe von Passungen mit verschiedenen Spielen und Übermaßen. Durch diese Normung wird dem Konstrukteur die Festlegung von Toleranzen auf den Zeichnungen außerordentlich erleichtert, er braucht nicht bei jedem Einzelfall immer wieder grundsätzliche Überlegungen anzustellen, sondern kann aus den im Paßsystem niedergelegten Erfahrungen schöpfen, vorausgesetzt, daß er das System beherrscht und seine Vorteile zu nutzen versteht. Ferner wird durch die Normung der Passungen die Anzahl der in der Werkstatt notwendigen Werkzeuge und Lehren erheblich eingeschränkt, weil diese für die verschiedenen Zwecke wiederholt benutzt werden können. Bei Benutzung eines Paßsystems sind mit der Angabe des Passungskurzzeichens sofort auch die Herstellungstoleranzfelder der Grenzlehre und die zulässige Abnutzung festgelegt. Von besonderer Bedeutung ist ein einheitliches Paß- und Lehrensystem auch für die Austauschbarkeit von Normteilen.

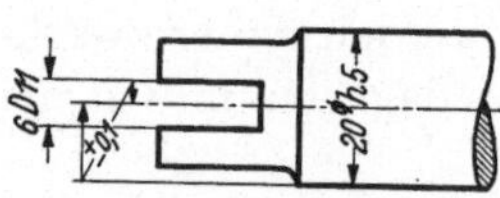

Abb. 11. Symmetrietoleranz, Schlitz 6 D11 darf zu Welle 20 ⌀ h5 nach jeder Richtung 0,1 unsymmetrisch liegen.

Ordnet man der Bohrung für die verschiedenen Spiel-, Übergangs- und Preßpassungen entsprechende Wellen zu, so erhält man ein Einheitsbohrungssystem; geht man von der Welle aus, so erhält man ein Einheitswellensystem. In beiden Fällen beziehen sich die Abmaße auf die Nullinie, die im Toleranzschaubild (Abb. 1) das Nennmaß darstellt; das DIN- und das ISA-Paßsystem enthalten beide die Systeme Einheitsbohrung und Einheitswelle, und zwar entsprechend den verschiedenen Bedürfnissen je mit mehreren Einheitsbohrungen und -wellen, die sich durch die Größe der Toleranz unterscheiden. Die Einheitsbohrung hat von der Nullinie aus ein positives, die Einheitswelle ein negatives Abmaß.

Die Erfahrung der letzten 20 Jahre hat gezeigt, daß weder auf das Einheitsbohrungs- noch auf das Einheitswellensystem völlig verzichtet werden kann. Zur Erläuterung dessen sei hier nur angedeutet, daß bei Anwendung der Einheitsbohrung nur wenige Reibahlen erforderlich sind, wogegen das Einheitswellensystem die weitgehende Verwendung gezogener, geschliffener oder geschälter glatter

Wellen ermöglicht, auf welche Bauteile mit verschiedenartigen Passungen aufgebracht werden können.

Der Versuch einer Zusammenlegung, um die Vorteile beider Systeme nutzbar zu machen, ist im Verbundsystem gemacht, bei dem im wesentlichen die Preß- und Übergangspassungen aus der Einheitsbohrung, die Spielpassungen aus der Einheitswelle entnommen sind.

Das DIN-Paßsystem umfaßt die Nennmaße von 1—500 mm, die in annähernd geometrisch gestufte Bereiche eingeteilt sind. Für die Größe der Toleranzen und für die Abstände der Toleranzfelder von der Nullinie, die selbstverständlich mit wachsendem Nennmaß größer werden müssen, ist die Paßeinheit PE zugrunde gelegt, für die auf Grund von Erfahrungen die Beziehung: $1\ \mathrm{PE}\ (\text{in}\ \mu) = 5\sqrt[3]{D}$ (D in mm) gewählt wurde. Man unterscheidet vier Gütegrade: edel, fein, schlicht und grob. Die Kurzzeichen sind meist Abkürzungen für die Paßeigenart, z. B. LL = Leichter Laufsitz.

Das internationale (ISA-)Paßsystem, das in der deutschen Industrie bereits weitgehend eingeführt ist, weist im ganzen 16 Qualitäten auf, von denen die ersten vier hauptsächlich für die Lehrenherstellung vorgesehen sind. Für die Größe der Toleranzen ist die internationale Toleranzeinheit grundlegend:

$$i\ (\text{in}\ \mu) = 0{,}45\sqrt[3]{D} + 0{,}001\,D\ (D\ \text{in mm})$$

Hieraus werden die Grundtoleranzenreihen gebildet, die mit IT 1 bis IT 16[1] bezeichnet werden und ebenfalls den Nennmaßbereich von 1—500 mm, geometrisch abgestuft, umfassen (Zahlentafel 1, S. 18)[2]. Neben der Verbreiterung des Systems durch feinere und gröbere Toleranzen und der vermehrten Auswahl an genormten Toleranzfeldern ist als wesentlicher Vorzug gegenüber dem DIN-System die regelmäßige Stufung der Qualitäten zu betrachten: Jede Toleranzenreihe ist um 60 vH. gröber als die vorhergehende. Ferner ist die Toleranz (für den gleichen Nennmaßbereich) innerhalb einer Qualität für alle Wellen und Bohrungen gleich groß, unabhängig vom Abstand des Toleranzfeldes von der Nulllinie. Bei den Spielpassungen und in gewissem Umfang, soweit dies zweckmäßig war, auch bei den Übergangs- und Preßpassungen ist der Abstand des Toleranzfeldes von der Nullinie für gleichnamige Passungen in allen Qualitäten der gleiche.

Auf dem Gebiete der Preßpassungen stellt das ISA-System eine reichhaltige Auswahl zur Verfügung, und zwar demnächst auch in den größeren Qualitäten bis IT 11.

Die Kurzzeichen setzen sich zusammen aus einem Buchstaben, der den Abstand von der Nullinie oder die Passungsart kennzeichnet und

[1] IT = ISA-Toleranzenreihe.

[2] Die Erweiterung unter 1 mm und über 500 mm Nennmaß ist geplant.

Zahlentafel 1. ISA-Grundtoleranzen[1].

Werte in $\mu = {}^1/_{1000}$ mm.

Qualität	Nennmaßbereich mm													Toleranzen in i
	1 bis 3	über 3 bis 6	über 6 bis 10	über 10 bis 18	über 18 bis 30	über 30 bis 50	über 50 bis 80	über 80 bis 120	über 120 bis 180	über 180 bis 250	über 250 bis 315	über 315 bis 400	über 400 bis 500	
1	1,5	1,5	1,5	1,5	1,5	2	2	3	4	5	6	7	8	—
2	2	2	2	2	2	3	3	4	5	7	8	9	10	—
3	3	3	3	3	4	4	5	6	8	10	12	13	15	—
4	4	4	4	5	6	7	8	10	12	14	16	18	20	—
5	5	5	6	8	9	11	13	15	18	20	23	25	27	≈7
6	7	8	9	11	13	16	19	22	25	29	32	36	40	10
7	9	12	15	18	21	25	30	35	40	46	52	57	63	16
8	14	18	22	27	33	39	46	54	63	72	81	89	97	25
9	25	30	36	43	52	62	74	87	100	115	130	140	155	40
10	40	48	58	70	84	100	120	140	160	185	210	230	250	64
11	60	75	90	110	130	160	190	220	250	290	320	360	400	100
12	90	120	150	180	210	250	300	350	400	460	520	570	630	160
13	140	180	220	270	330	390	460	540	630	720	810	890	970	250
14	250	300	360	430	520	620	740	870	1000	1150	1300	1400	1550	400
15	400	480	580	700	840	1000	1200	1400	1600	1850	2100	2300	2500	640
16	600	750	900	1100	1300	1600	1900	2200	2500	2900	3200	3600	4000	1000

für Bohrungen groß, für Wellen klein geschrieben wird, und einer Zahl, die die Qualität angibt; z. B. ist h 8 eine Welle der 8. Qualität, deren Toleranzfeld von der Nullinie nach Minus geht (d. i. die Einheitswelle der 8. Qualität), H 8 ist die Bohrung mit der gleichen Toleranz nach Plus (die Einheitsbohrung der 8. Qualität). Die Buchstaben a bis g und A bis G bezeichnen Toleranzfelder, die mit der zugehörigen Einheitsbohrung oder -welle Spielpassungen ergeben, die Toleranzfelder j bis z und J bis Z ergeben immer fester werdende Übergangs- und Preßpassungen. Weil in den gröberen Qualitäten noch festere Passungen gebraucht wurden, hat man neuerdings noch za bis zd und ZA bis ZD hinzugenommen. Den Kleinstspielen und Kleinstübermaßen, also der Lage der Toleranzfelder zur Nullinie, liegt *nicht* die Toleranzeinheit i zugrunde, sondern sie sind auf verschiedenen aus der Erfahrung gewonnenen Formeln aufgebaut, die in ihrer *Gesamtheit* ein *stetig aufgebautes* System ergeben. Zweckmäßige Paarungen von Wellen und Bohrungen sind in Passungsfamilien (DIN 7154 und 7155) zusammengefaßt. Diese Empfehlungen erleichtern die Auswahl aus der Vielzahl von Toleranzfeldern ungemein, ohne daß der Konstrukteur, der die DIN-Passungen be-

[1] Nach DIN 7151. Wiedergegeben mit Genehmigung des Deutschen Normenausschusses. Verbindlich ist die jeweils neueste Ausgabe des Normblattes im Normformat A4, das beim Beuth-Vertrieb, G.m.b.H., Berlin SW 68, Dresdener Str. 97, erhältlich ist.

herrscht, sich stets nur auf der Krücke des Vergleiches mit diesen bewegen muß.

Der Konstrukteur sollte sich soviel wie irgend möglich der Kurzzeichen bedienen.

4. Welche Maße sind zu tolerieren?

Nach dem Zweck und der Wichtigkeit der Maße und im Hinblick auf die Tolerierung können unterschieden werden:

a) Maße, die für die Funktion des Gerätes entscheidend sind. Die Brauchbarkeit kann beeinflußt werden:

1. durch die Abmessungen des Einzelteils mit Bezug auf das kinematische Zusammenarbeiten mit anderen Teilen.

Beispiel: Länge eines Hebelarms.

2. durch Maße, die für die statische oder Wechselfestigkeit bedeutsam sind.

Beispiele: Wanddicke eines Hochdruckgefäßes, Durchmesser eines Gewindefreistiches.

3. durch Maße, die für Gewicht, Rauminhalt, Federkraft, Trägheitsmoment, Auswuchtung usw. bedeutsam sind.

Beispiel: Gewicht und Schwerpunktlage eines Geschosses.

Oft empfiehlt es sich, die unter 2. und 3. genannten Größen nicht durch Maßtoleranzen festzulegen, sondern durch Toleranzen für diese Größen selbst.

Das Federschaubild einer Schraubenfeder beispielsweise ist nicht allein vom Drahtdurchmesser, dem Windungsdurchmesser und der Windungszahl abhängig, sondern auch vom Elastizitätsbeiwert des Werkstoffes, der Schwankungen unterliegt. Diese Schwankungen sind dem Konstrukteur meist nicht bekannt, er müßte sie aber berücksichtigen, wenn er ein Schaubild, das in bestimmten Grenzen liegt, erreichen will. Daher ist es besser, die Federkraft bei bestimmter Federlänge (oder die Länge bei bestimmter Kraft) zu tolerieren und es dem Hersteller zu überlassen, wie er z. B. durch Wahl der Drahtdicke die Schwankungen der Werkstoffeigenschaften ausgleicht.

Eine Gewichtstoleranz erfordert oft sehr kleine Maßtoleranzen, die die Fertigung unnötig erschweren; das Endergebnis kann dennoch unsicher bleiben wegen kleiner Schwankungen in der Wichte des Werkstoffes. Wenn nur eine sehr kleine Gewichtsabweichung zulässig ist, ist es deshalb besser, an einer Stelle des Stückes solange nachzuarbeiten, bis das Gewicht innerhalb der zulässigen Grenzen liegt. Die übrigen Maßtoleranzen können dann erheblich größer gewählt werden.

Ebenso kann man eine Fahrzeugachse besser durch die elastische oder bleibende Formänderung bei bestimmter Belastung prüfen, anstatt eine große Anzahl von Maßen zu tolerieren.

In diesem Zusammenhang müssen auch die Größen genannt werden, die durch Maße überhaupt nicht beeinflußt werden, z. B. die Festigkeit und Bruchdehnung des Werkstoffes, für die in den Werkstoffnormen Grenzen angegeben sind, die Härte, für die bei den verschiedenen Prüfverfahren Toleranzen vorgeschrieben werden können und weiterhin alle Werkstoffeigenschaften, Korrosionsfestigkeit, Verschleißfestigkeit, Eigenschaften von Farbanstrichen, Astfreiheit von Holzteilen usw., soweit hierfür Prüfverfahren vorhanden sind und Vorschriften gemacht werden müssen.

b) Maße, die für den Zusammenbau des Gerätes entscheidend sind und zwar:

1. den einmaligen Zusammenbau bei der Herstellung,
2. den wiederholten Zusammenbau beim Gebrauch.

Beispiele: Nähmaschinenschiffchen, Verschluß für den Brennstoffbehälter am Kraftfahrzeug.

3. den Ersatz unbrauchbar gewordener Teile oder Baugruppen.

Beispiel: Mikrofondose beim Fernsprecher.

c) Hilfsmaße für die Fertigung, die für die ein- oder mehrmalige Aufnahme in Vorrichtungen besonders geeignet, aber weder für die Funktion noch für den Zusammenbau von Wichtigkeit sind.

Wird ein solches Maß toleriert, so muß es als Hilfsmaß gekennzeichnet werden; sonst wird das Fertigungsverfahren einseitig festgelegt, und bei Abweichungen von dem gedachten Fertigungsverfahren werden unwichtige Maße unnötig genau gefertigt oder sogar Werkstücke verworfen, die vollkommen brauchbar sind. Wenn die Frage nicht vorher mit der Betriebsleitung besprochen werden kann, ist es besser, das Aussuchen eines geeigneten Maßes der Arbeitsvorbereitung zu überlassen.

d) Freie Baumaße, die weder für die Funktion noch für den Zusammenbau, noch für die Fertigung von irgendwelcher Bedeutung sind.

Beispiele: Griffdurchmesser einer Handkurbel, Wanddicke eines wenig beanspruchten Teiles.

Es kann keine grundsätzliche Richtlinie dafür angegeben werden, welche von den unter a) bis d) aufgeführten Maßen in der Zeichnung eine Toleranzangabe erhalten sollen. Die Beantwortung dieser Frage hängt von der zu fertigenden Stückzahl und von den besonderen Verhältnissen der fertigenden Werkstatt, insbesondere auch von der werkstattüblichen Toleranz bei nichttolerierten Maßen ab.

Im allgemeinen wird man Maße, die für die Funktion und den Zusammenbau wichtig sind, tolerieren, freie Baumaße dagegen nicht.

Im wesentlichen werden bis jetzt nur Längenmaße toleriert; Winkeltoleranzen werden verhältnismäßig selten angewandt. Das ist als ein Mangel anzusehen.

Winkeltoleranzen erfordern allerdings eine gewisse Vorsicht: Man rechne die Auswirkung der Toleranz am Ende des kürzesten Schenkels des Winkels in Millimeter um, um sich über die Größe der Winkeltoleranz Klarheit zu verschaffen.

Ferner kommt es bei verwickelten Werkstücken mit Winkelmaßen leicht vor, daß eine Fläche des Werkstückes überbestimmt wird; die beste Gegenprobe ist das Aufzeichnen nach den Regeln der elementaren Geometrie mit den gegebenen Maßen; hierbei stellt sich heraus, welche Maße überflüssig sind.

Bei Massenfertigung können oft nicht alle Teile geprüft werden, entweder weil hierfür zuviel Arbeitszeit aufgewendet werden müßte, oder weil mit der Prüfung eine Beschädigung oder Zerstörung des Teiles verbunden ist (z. B. Härte, Festigkeit, Dehnung). Mit Hilfe der Wahrscheinlichkeitstheorie kann aus dem Ergebnis der Stichprobenprüfung auf die Anzahl fehlerhafter Stücke in der Gesamtmenge geschlossen werden; andererseits kann das Risiko, zuviele fehlerhafte Stücke in der Gesamtmenge zu haben, bei gegebenen Prüfbedingungen für eine stichprobenweise Entnahme berechnet werden[1].

Toleranzen können vermieden oder erheblich vergrößert werden durch:

1. *Aussuchen.* Beim Zusammenbau werden zusammenpassende Stücke ausgesucht. Will man hierbei das „Passen" nicht dem Gefühl des Aussuchenden überlassen, so können die Einzelteile in mehrere Gruppen eingeteilt und vorgeschrieben werden, welche Gruppen zusammengehören. In Abb. 12 sind Wellen und Bohrungen in je drei Gruppen geteilt und Wellen der Gruppe 1 dürfen nur mit Bohrungen der Gruppe 1 zusammengefügt werden. Die Teilzeichnungen geben in diesem Falle die Toleranz der Einzelteile, die Zusammenbauzeichnung die zulässigen Spiele oder Übermaße an; daraus ergibt sich die Anzahl der Gruppen von selbst.

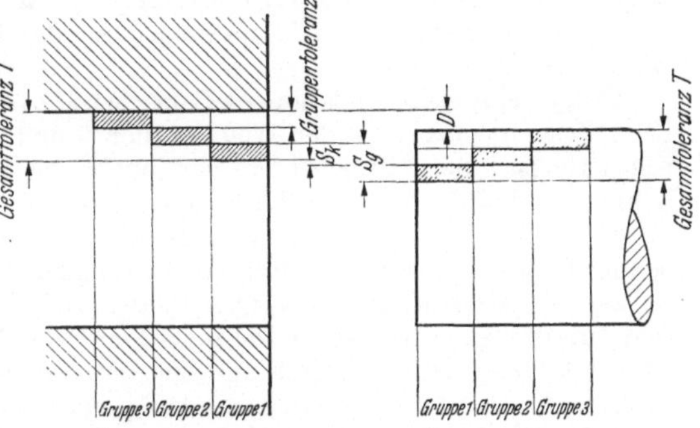

Abb. 12. Aussuchen durch Gruppenbildung.
Kleinstspiel = S_k, Größtspiel = S_g, Anzahl der Gruppen = n.

$$T = \frac{S_g - S_k}{2}\, n$$

$$D = \frac{T}{n} + S_k\,.$$

Bei diesem Verfahren ist Bedingung, daß die Toleranzfelder beider Teile gleich groß sind. Ferner müssen bei der Fertigung in entsprechenden Gruppen gleich viele Teile anfallen, damit nicht Teile übrigbleiben, zu denen passende Gegenstücke fehlen. Schließlich dürfen die Formabweichungen nicht die Gruppentoleranz überschreiten. Die beiden letzten Bedingungen haben in der Fertigung dieselbe Wirkung wie eine Toleranzeinschränkung.

2. *Nacharbeit* (*Anpassen*). Anpassen und Nacharbeiten beim Zusammenbau ist das Gegenteil von austauschbarer Fertigung. Es gibt aber Sonderfälle, in denen auch bei größeren Stückzahlen das Nacharbeiten beim Zusammenbau vorzuziehen ist, wenngleich dies auch oft durch geschickte konstruktive Maßnahmen einfach vermieden werden kann. Zum mindesten sollte man anstreben, auch hier die reine Handarbeit durch Maschinenarbeit zu ersetzen und Mittel und Wege suchen, die nicht nur eine gefühlsmäßige, sondern eine zahlenmäßig erfaßbare Nachprüfung dieses Arbeitsganges gestatten. Denn Handarbeit erfordert

[1] S. Schrifttum Nr. 9 und 38.

meist einen Facharbeiter und das Ergebnis der Nacharbeit ist sehr von der Sorgfalt und dem Können desselben abhängig; zudem kann dabei durch große Formabweichungen viel verdorben werden.

Oftmals ergeben sich, besonders bei vorwiegend fertigungsgerechter Maßeintragung, an einer Stelle einer Konstruktion unzulässig große Maßabweichungen, wenn die Toleranzen sich addieren. In diesem Fall ist es besser, an einer geeigneten Stelle Ausgleichscheiben zum Anpassen oder, in der Dicke abgestuft, zum Aussuchen vorzusehen, anstatt eine große Anzahl von Maßen mit sehr kleinen Toleranzen zu versehen.

Hierher gehört auch das Einläppen z. B. von kleinen Kolben, die dicht und leichtgängig sein müssen. Dabei kann mit dem Anpassen auch das Aussuchen durch Gruppenbildung verbunden werden. Jedenfalls sind an den Einzelteilen nur kleine Formabweichungen zulässig.

Bei Uhrwerken wird das Spiel in der Achsenrichtung oft durch geringe Nacharbeit beim Zusammenbau auf die richtige Größe gebracht, weil sonst zu kleine Toleranzen und zu hohe Anforderungen an die Ebenheit der Platinen gestellt werden müßten.

In der Feinwerktechnik müssen Bauteile wie Zahnräder, Hebel, Stellringe häufig beim Zusammenbau mit der Welle verbohrt und verstiftet werden, weil es sehr schwierig ist, die Stiftlöcher einzeln, unabhängig voneinander genau mittig zu bohren, so daß die Stifte nachher einwandfrei sitzen. Vielfach wird das Stiftloch in der Nabe des aufzusetzenden Bauteiles nur einseitig vorgebohrt, um beim Zusammenbau eine verwickelte Bohrvorrichtung zu sparen.

Bei sehr großen Passungen (über 1000 mm) fertigt man oft zweckmäßig das am schwierigsten zu bearbeitende Teil zuerst, mißt den Durchmesser der Paßfläche und fertigt das Gegenstück danach mit einer vorgeschriebenen Paßtoleranz. Dadurch kann die Spiel- oder Übermaßschwankung auf etwa die Hälfte vermindert werden. Hierbei spielt die Formtoleranz eine entscheidende Rolle.

Kann (bei kleineren Abmessungen) das eine Bauteil leicht mit sehr kleiner Toleranz hergestellt werden, das Gegenstück jedoch nicht, so kann durch Anpassen des Gegenstückes erreicht werden, daß nachgelieferte Ersatzteile ohne Nacharbeit eingebaut werden können; dadurch wird also praktisch eine Austauschbarkeit erzielt, die bei getrennter Fertigung der Teile mit Einzeltoleranzen nicht erreichbar wäre.

Im allgemeinen muß man sich darüber klar sein, daß keine austauschbaren Ersatzteile geliefert werden können, wenn beim Zusammenbau angepaßt wird, und beim Aussuchen mit Gruppenbildung nur dann, wenn bei der Nachlieferung die Gruppennummer bekannt ist. Mitunter hat aber auch die Erfahrung ergeben, daß dann mit Rücksicht auf den Verschleiß unbedenklich stets die Wellen mit dem Größtmaß und die Bohrungen mit dem Kleinstmaß als Ersatz geliefert werden können.

Bei der Frage, ob toleriert werden soll oder nicht, drängt sich immer wieder die Gegenfrage auf: was fertigt die Werkstatt, wenn keine Toleranz angegeben ist?

Dann gelten die werkstattüblichen Toleranzen, die meist nicht festgelegt sind und je nach dem Werkstoff, dem Fertigungsverfahren und der Größe der Teile sehr verschieden groß sein können.

Das Heereswaffenamt hat durch die Herausgabe der Heergerätnorm

HgN 113 29 im Jahre 1931 den Versuch gemacht, das Problem der nichttolerierten Maße einer Lösung näherzubringen. Es sind „zulässige Abweichungen für Maße ohne Toleranzangabe“ festgelegt nach den drei Gesichtspunkten: Werkstoff, Fertigungsverfahren und Größe des Maßes[1].

Selbstverständlich kann ein solcher Versuch, der für alle Arten von Heergerät vom groben Maschinenbau bis zur Feinwerktechnik Gültigkeit haben soll, nicht restlos befriedigen. Es ist jedoch zu bedenken, daß eine Vorschrift, die allen Teilgebieten gerecht werden will, sehr umfangreich werden müßte. Andererseits wurde der gänzliche Mangel einer solchen Vorschrift beim Waffenamt besonders schwer empfunden, weil bei Heergerät mit gleichzeitiger Fertigung an verschiedenen Stellen gerechnet werden muß und eine besonders sorgfältige Abnahme nötig ist, die sich bis in alle Einzelheiten erstreckt.

Jede derartige Vorschrift wird aber auch zur Folge haben, daß Maße, für die größere Toleranzen als die angegebenen zulässig sind, wieder toleriert werden müssen, z. B. die Bohrtiefe von Sacklöchern.

Das Normblatt HgN 113 29 ist in den DIN-Mitteilungen vom 7. April 1932 veröffentlicht worden, seine Erhebung zur Dinorm scheiterte jedoch daran, daß in der Privatindustrie durch übersteigerte Ansprüche des Bestellers wirtschaftliche Schädigungen des Herstellers befürchtet wurden.

5. Größe der Toleranzen.

Jede Toleranz sollte so groß bemessen werden, daß eine Überschreitung das Teil wirklich unbrauchbar macht, wobei lediglich die beim Gebrauch zu erwartende Abnutzung berücksichtigt werden muß. Dieser Satz gilt auch dann, wenn mit den vorhandenen Maschinen ohne Schwierigkeit kleinere Toleranzen eingehalten werden können; denn es muß verhindert werden, daß Werkstücke verworfen werden, die zwar der Toleranzvorschrift nicht entsprechen, aber doch noch brauchbar sind. In jedem Fall hat eine Toleranzvergrößerung eine Verbilligung der Fertigung zur Folge. Abb. 13 zeigt, in welchem Maße der Preis mit kleiner werdender Toleranz ansteigt.

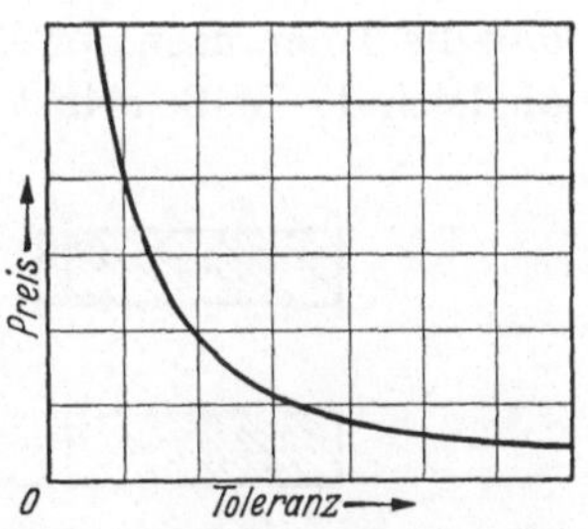

Abb. 13. Beziehung zwischen Preis und Toleranz.

Fast jeder Konstrukteur erliegt anfänglich der Versuchung, zu kleine Toleranzen einzutragen. Es ist gewiß bequemer, hundertstel und tausendstel Millimeter zu fordern, als in jedem einzelnen Falle zu überlegen, wie weit man gehen kann. Durch diese Bequemlichkeit wird die Verantwortung für das einwandfreie Arbeiten des Gerätes abgewälzt und dafür nutzlos der Werkstatt unabsehbare Schwierigkeiten aufgebürdet und Volksvermögen vergeudet. Hat der Betrieb aber erst einmal gemerkt, daß es mit den kleinen Toleranzen nicht so ernst gemeint ist, dann wird man bald Stücke eingebaut finden, die tatsächlich nicht zu gebrauchen sind.

Werden auf Grund sorgfältiger Überlegung oder einer Toleranzuntersuchung (Abschnitt 6) sehr kleine Toleranzen als unumgänglich

[1] Das Blatt kann durch den Beuth-Vertrieb, G. m. b. H., Berlin SW 68, Dresdener Str. 97, bezogen werden.

notwendig ermittelt, so ist zu überlegen, ob nicht eine — oft geringfügige — Konstruktionsänderung Abhilfe bringen kann.

Man wird bei der Beschäftigung mit Toleranzen auch feststellen müssen, daß manche Konstruktionseinzelheit toleranztechnisch nicht beherrscht werden kann und somit konstruktiv falsch ist. Ein Beispiel zeigt Abb. 14. Es kann nun einmal nicht erreicht werden, daß diese beiden starren Teile im Kegel und am Bund gleichzeitig tragen, es sei denn, man macht wenigstens ein Teil so dünnwandig, daß es nachgeben kann. Es ist auch schon vorgekommen, daß eine Platte mit drei solcher Kegelbohrungen auf drei entsprechenden Stiften des Unterteils gleichzeitig einwandfrei sitzen sollte!

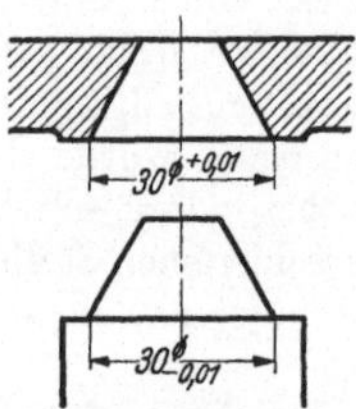

Abb. 14. Toleranztechnisch falsche Konstruktion. Entweder sitzt der Kegel auf oder die Stirnfläche, aber nie beide gleichzeitig.

6. Toleranzuntersuchungen.

Unter einer Toleranzuntersuchung versteht man die zahlenmäßige Untersuchung der Grenzfälle, die sich als Summe einer Kette von Toleranzen ergeben können. Hierbei kann sich die Untersuchung entweder auf die Toleranzen eines Stückes oder mehrerer zusammengehöriger Stücke beziehen.

Toleranzuntersuchungen sind ferner praktische Versuche, die die Ermittlung zweckmäßiger Toleranzen für einen Sonderfall zum Ziele haben.

a) Erster Hauptsatz. Eine rechnerische Toleranzuntersuchung wurde bereits auf S. 8 durchgeführt. Hierbei wurde die Beobachtung gemacht, daß die Toleranzen der Maße S und T zusammengezählt werden müssen, obgleich die Maße selbst voneinander abgezogen werden. Diese Erschei-

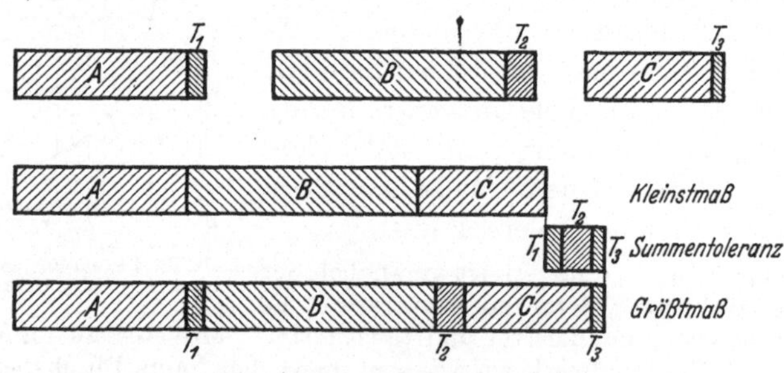

Abb. 15. Toleranzkette.

nung trifft auch für längere Toleranzketten zu und läßt sich allgemein im 1. Hauptsatz des Toleranzwesens zusammenfassen:

Die Summentoleranz einer Toleranzkette ist gleich der Summe der Toleranzen der Kettenglieder.

Bei der algebraischen Summierung (Addition oder Subtraktion) mehrerer tolerierter Maße wird also stets die Endtoleranz größer und es ist gleichgültig, welche Vorzeichen die Rechenoperation und die Abmaße der Summanden haben, d. h. es müssen die **absoluten Beträge der Abmaße addiert werden.** Die Vorzeichen bestimmen nur die Lage der Summentoleranz.

Ist eine Toleranz durch mehrere Abmaße ausgedrückt, z. B. $20^{+0,2}_{+0,1}$, oder $20 \pm 0{,}05$, so ist selbstverständlich bei der Summierung der Toleranzen die Differenz der beiden Abmaße einzusetzen, nämlich 0,1.

Beispiele für Toleranzketten aus drei Gliedern zeigen die Abb. 15 u. 16.

Am rechten Ende des Maßes $50_{-0,5}$ in Abb. 16 kann sich die Toleranz T_1 $(-0{,}5)$ auswirken. An diese Variation schließt sich das Maß $20^{+0,5}$ an, das seinerseits wieder eine Variation um T_2 zuläßt; auf diese Weise besteht am linken Ende des Maßes $20^{+0,5}$ die Gesamttoleranz $T_1 + T_2$. In gleicher Weise ergibt sich am Ende der Kette, d. i. am rechten Ende von 40_{-1} die Gesamttoleranz $T_1 + T_2 + T_3$.

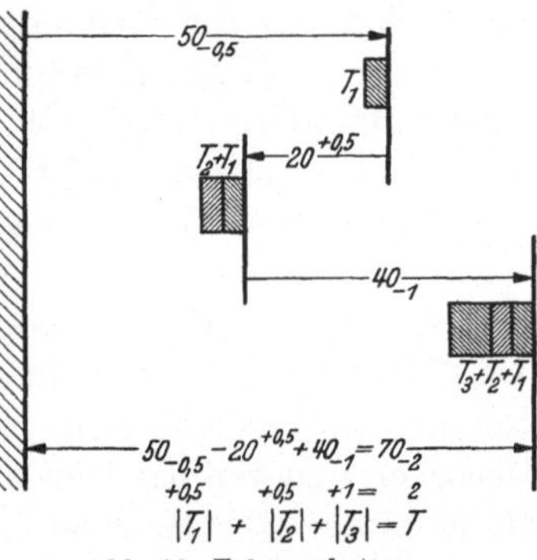

Abb. 16. Toleranzkette.

Zur zahlenmäßigen weiteren Erläuterung des 1. Hauptsatzes sind in Zahlentafel 2 alle möglichen Kombinationen zwischen den Grenzmaßen der Toleranzen T_1, T_2 und T_3 zahlenmäßig durchgerechnet, und es zeigt sich, daß die Summe der Toleranzkette nur zwischen 68 und 70 schwanken kann.

Auf S. 8 war auch bereits die **Umkehrung des 1. Hauptsatzes** erkannt worden:

Wird ein toleriertes Maß auf Umwegen gefertigt, so muß seine Toleranz auf alle Zwischenmaße aufgeteilt werden.

Zahlentafel 2. Auswirkungen einer Toleranzkette.
(G = Größtmaß, K = Kleinstmaß).

Maß	Vorzeichen								
$50_{-0,5}$	+	$G = 50$	$G = 50$	$G = 50$	$G = 50$	$K = 49{,}5$	$K = 49{,}5$	$K = 49{,}5$	$K = 49{,}5$
$20^{+0,5}$	—	$G = 20{,}5$	$G = 20{,}5$	$K = 20$	$K = 20$	$G = 20{,}5$	$G = 20{,}5$	$K = 20$	$K = 20$
40_{-1}	+	$G = 40$	$K = 39$	$G = 40$	$K = 39$	$G = 40$	$K = 39$	$G = 40$	$K = 39$
Ergebnis:		69,5	68,5	**70**	69	69	**68**	69,5	68,5

Ist für zwei zusammengehörige Teile eine **Paßtoleranz** von bestimmter Größe notwendig, so muß sie ebenfalls auf beide Teile verteilt werden.

b) Zweiter Hauptsatz. Betrachtet man die acht Rechnungsgänge in Zahlentafel 2, so stellt man fest, daß nur zwei von ihnen zum Ziel, der Ermittlung der Grenzfälle, geführt haben. Alle anderen waren also überflüssig. In der algebraischen Summe $+A - B + C$ hat sich das Größtmaß durch Einsetzen der Werte $+G - K + G$, das Kleinstmaß durch Einsetzen der Werte $+K - G + K$ ergeben.

Daraus folgt der 2. Hauptsatz des Toleranzwesens:

Zur Ermittlung des Größtmaßes einer Toleranzkette sind positive Kettenglieder mit dem Größtmaß, negative mit dem Kleinstmaß einzusetzen. Zur Ermittlung des Kleinstmaßes wird umgekehrt verfahren.

c) Wahrscheinlichkeit für die Grenzfelder. Vor der Durcharbeitung von Beispielen für rechnerische Toleranzuntersuchungen ist eine Betrachtung des Toleranzwesens von der Seite der mathematischen Statistik vonnöten.

Auf den Ausfall des Istmaßes am einzelnen Werkstück haben sehr viele Dinge Einfluß, z.B. bei spangebender Formung die Schwankungen der Härte des Werkstoffes, der Spanquerschnitt, das Zurückfedern des Werkstückes und der Teile der Werkzeugmaschine, der Abnutzungsgrad des Werkzeuges, die Zustellung des Werkzeuges, und diese wiederum ist von der augenblicklichen geistigen und körperlichen Verfassung des Menschen und von der Ungenauigkeit des Querschlittens abhängig. Der Mann an der Werkzeugmaschine hat bei der Fertigung nach Toleranzen das Bestreben, in die Mitte des Toleranzfeldes zu gelangen, um möglichst weit von den gefährlichen Grenzmaßen entfernt zu bleiben. Dies ist ein Einfluß, der die andern überwiegt, und demgemäß ist zunächst die größte Häufigkeit in der Mitte des Toleranzfeldes zu erwarten. Aber das Ausschußmaß ist das gefährlichere, denn die Überschreitung macht das Stück unbrauchbar; deshalb wird man bei spanabhebender Bearbeitung häufig ein leichtes Hinneigen der größten Häufigkeit nach der Gutseite beobachten können.

Bei Mengenfertigung wird mit fester Einstellung der Maschine und der Werkzeuge gearbeitet; hierbei ist man bestrebt, bei fortschreitender Abnutzung der Werkzeuge möglichst lange innerhalb des Toleranzfeldes zu bleiben. Die Einstellung wird also nahe an der einen Toleranzgrenze vorgenommen und im Laufe der Abnutzung wird das Toleranzfeld gleichmäßig bestrichen, sofern es groß genug ist im Verhältnis zu den von anderen Ursachen herrührenden Istmaßschwankungen. Dieser Einfluß hat demnach eine gleichmäßigere Verteilung der anfallenden Werkstücke über das ganze Toleranzfeld zur Folge.

Trägt man in einem Schaubild über der Breite des Toleranzfeldes die Häufigkeit der einzelnen gemessenen Maße auf, so erhält man die Verteilungskurve.

Die Fläche zwischen dieser Kurve und der Abszisse entspricht der Gesamtzahl der einbezogenen Werkstücke, ein senkrecht herausgeschnittener Flächenstreifen gibt die auf den betreffenden Abschnitt des Toleranzfeldes entfallende Anzahl Teile an.

Um ein Bild darüber zu gewinnen, in welcher Größenordnung anteilmäßig die Anzahl der Stücke liegt, die an die Grenzen des Toleranzfeldes zu liegen kommen, muß man sich bei allgemeiner Betrachtung mit der nicht ganz zutreffenden Annahme begnügen, daß die mengenmäßige Verteilung der Werkstücke über das Toleranzfeld der theoretischen Gaußschen Verteilungskurve entspreche.

Nimmt man ferner an, daß die Verteilung symmetrisch zum Toleranzfeld liege und von den gefertigten Stücken je 2 vH. oberhalb und unterhalb des Toleranzfeldes ausfallen, so ergibt sich eine Verteilungskurve nach Abb. 17. Der Flächeninhalt der Verteilungskurve zwischen den Toleranzgrenzen stellt also 96 vH. der gefertigten Teile dar.

Nach der Wahrscheinlichkeitsrechnung fallen von diesen brauchbaren Stücken bei der angenommenen Toleranz von $20^{+0,5}$:

17 vH. in den Bereich zwischen den Maßen 20,225 und 20,275; dieser Bereich entspricht 10 vH. des Toleranzfeldes in dessen Mitte;

3,2 vH. in den Bereich zwischen 20,0 und 20,05 und ebensoviele in den Bereich zwischen 20,45 und 20,5, das sind je 10 vH. des Toleranzfeldes an dessen Grenzen.

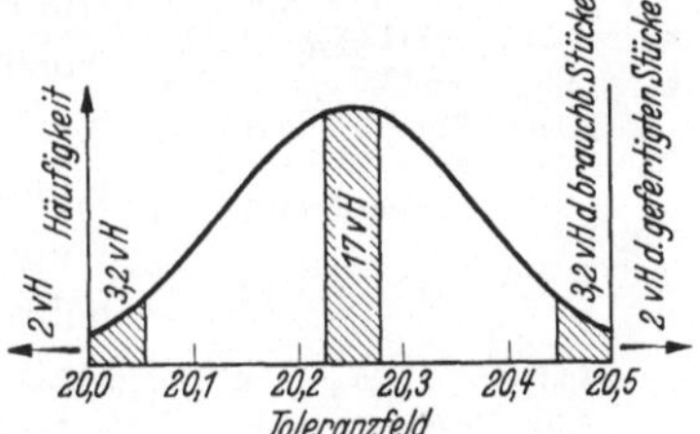

Abb. 17. Wahrscheinliche Verteilung über das Toleranzfeld.

Bei einer Toleranzuntersuchung werden stets eine mehr oder weniger große Anzahl von Toleranzen aneinandergereiht, algebraisch addiert, und die Grenzfälle untersucht. Die mathematische Statistik gibt die Möglichkeit, unter den oben gemachten Annahmen die Wahrscheinlichkeit für das Eintreten dieser Grenzfälle zu berechnen. Da es sich um eine Mengenbestimmung handelt, ein konkretes Maß jedoch mathematisch genau äußerst selten getroffen wird, müssen die Grenzfelder betrachtet werden, jene oben genannten (beispielsweise) 10 vH. an den Grenzen des Toleranzfeldes. Für ein einzelnes Toleranzfeld war hierfür die Wahrscheinlichkeit zu 0,032 berechnet worden. Daraus ergeben sich weiter für das Zusammentreffen von Grenzfeldern bei Toleranzketten folgende Wahrscheinlichkeiten: bei einer Kette aus

2 Gliedern:	0,001	oder auf	1 000 Stücke ein Fall,
3 Gliedern:	0,00003	oder auf	31 000 Stücke ein Fall,
4 Gliedern:	0,000001	oder auf	1 000 000 Stücke ein Fall,
5 Gliedern:	0,00000003	oder auf	31 000 000 Stücke ein Fall,
6 Gliedern:	0,000000001	oder auf	eine Milliarde Stücke ein Fall.

In der Wirklichkeit ist sehr oft die Häufigkeit an den Toleranzgrenzen größer, als sich aus theoretischen Berechnungen ergibt; ebenso kommt es vor, daß Toleranzen ganz einseitig ausgenutzt werden. Dennoch kann aus dem Vorstehenden der Schluß gezogen werden:

Bei vielgliedrigen Toleranzketten ist das Ergebnis einer Toleranzuntersuchung insofern kritisch zu werten, als die Wahrscheinlichkeit für das Zusammentreffen der untersuchten Grenzfälle sehr klein ist.

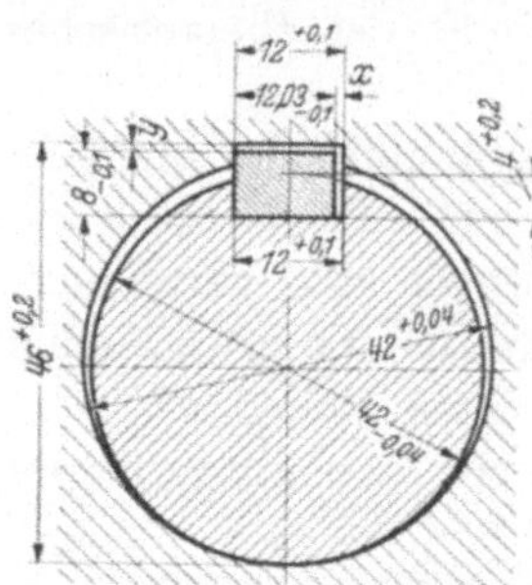

Abb. 18. Toleranzuntersuchung an einer Paßfeder.

G = Größtmaß, K = Kleinstmaß

1. Breite:

$x = 12^{+0,1} - 12,03_{-0,1}$

$x_G = 12,1_G - 11,93_K = 0,17$

$x_K = 12_K - 12,03_G = -0,03$

(negatives Spiel = Übermaß)

Probe: $x_G - x_K = 0,17 - (-0,03) = 0,2 = 0,1 + 0,1$

2. Höhe:

$y = 46^{+0,2} - 42_{-0,04} + 4^{+0,2} - 8_{-0,1}$

$y_G = 46,2_G - 41,96_K + 4,2_G - 7,9_K = 0,54$

$y_K = 46_K - 42_G + 4_K - 8_G = 0$

Probe: $y_G - y_K = 0,54 - 0 = 0,2 + 0,04 + 0,2 + 0,1$

d) Beispiele für rechnerische Toleranzuntersuchungen. In Abb. 18 ist die Aufgabe behandelt, an einer Paßfeder nach gegebenen Toleranzen die möglichen Spiele oder Übermaße zu berechnen. In der Breite (tangential) ist das Spiel gleich x gesetzt, in der Höhe (radial) gleich y. (Die Spiele sind in der Abbildung übertrieben groß dargestellt.) Diese Unbekannten drückt man durch die gegebenen tolerierten Maße aus und berechnet aus der so entstehenden Gleichung Größt- und Kleinstspiel nach dem 2. Hauptsatz. In den Gleichungen ist durch den Index G oder K zum Ausdruck gebracht, ob ein Größt- oder Kleinstwert eingesetzt ist. In der Breite ergibt sich als Kleinstspiel ein negativer Wert, das ist ein Übermaß. Es ist demnach gleichgültig, ob man beim Ansatz der Gleichungen Spiel oder Übermaß annimmt; das Ergebnis läßt am Vorzeichen erkennen, was von beiden vorliegt.

Zur Nachprüfung der Rechnung benutzt man den 1. Hauptsatz: Der Unterschied zwischen Größt- und Kleinstspiel muß gleich der Summe aller in der Rechnung benutzten Toleranzen sein.

Entsprechend dem Wert $x_G = 0,17$, der für die Nabe wie für die Welle gilt, weil die Maße gleich sind, kann im ungünstigsten Falle die Welle gegen die Nabe um einen Winkel verdreht werden, der aus dem doppelten Betrag, 0,34 mm, berechnet werden kann.

Will man genau rechnen, so muß hierbei beachtet werden, daß die Paßfeder beim Verdrehen mit einer Kante und nicht mit der ganzen Fläche anstößt.

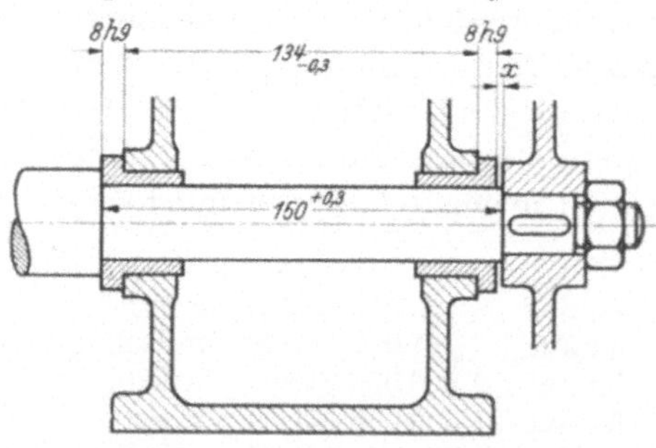

Abb. 19. Toleranzuntersuchung an einem Gehäuse.

$x = 150^{+0,3} - 8h9 - 134_{-0,3} - 8h9$

$x_G = 150,3_G - 7,964_K - 133,7_K - 7,964_K = 0,672$

$x_K = 150_K - 8_G - 134_G - 8_G = 0$

Probe: $x_G - x_K = 0,672 = 0,3 + 0,036 + 0,3 + 0,036$

Ein weiteres Beispiel zeigt Abb. 19. Hier ist das Spiel in der Achsenrichtung bei einer doppelt gelagerten Welle berechnet.

Abb. 20 zeigt einen Geschützverschluß in vereinfachter Darstellung.

Der Verschlußkeil liegt am Bodenstück mit der Fläche a an. Unter der Wirkung der (nicht gezeichneten) Schlagbolzenfeder wird der Schlagbolzen gegen die Fläche b im Verschlußkeil gedrückt. In den Schlagbolzen ist die Schlagbolzenspitze eingeschraubt, die mit dem vorderen Ende (rechts) in die Zündschraube eindringt und dadurch den Schuß löst.

Die Eindringtiefe der Schlagbolzenspitze in die Zündschraube muß innerhalb gewisser Grenzen liegen, sie darf nicht zu klein sein, damit der Zündsatz sicher gezündet wird, aber auch nicht zu groß, damit die Zündschraube nicht durchgeschlagen wird. Die Abbildung zeigt die zahlenmäßige Berechnung des Größt- und Kleinstmaßes der Eindringtiefe aus den gegebenen tolerierten Maßen. Der Gang der Rechnung ist durch den Linienzug über der Abbildung angedeutet.

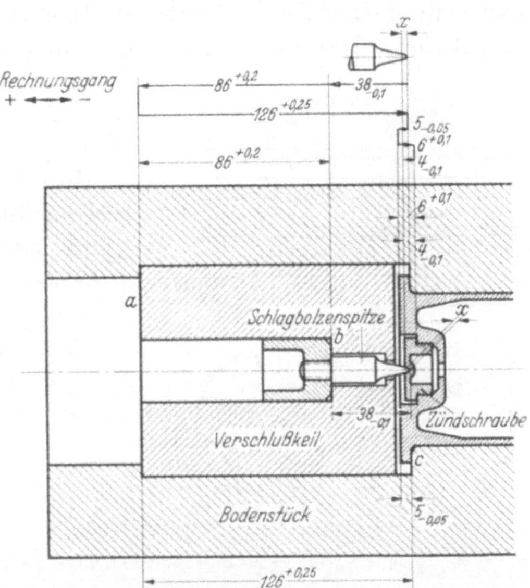

Abb. 20. Toleranzuntersuchung an einem Geschützverschluß.

$$x = 38_{-0,1} + 86^{+0,2} - 126^{+0,25} + 5_{-0,05} - 6^{+0,1} + 4_{-0,1}$$

$$x_G = 38_G + 86{,}2_G - 126_K + 5_G - 6_K + 4_G = 1{,}2$$

$$x_K = 37{,}9_K + 86_K - 126{,}25_G + 4{,}95_K - 6{,}1_G + 3{,}9_K = 0{,}4$$

Probe: $x_G - x_K = 1{,}2 - 0{,}4 = 0{,}8 = 0{,}1 + 0{,}2 + 0{,}25 + 0{,}05 + 0{,}1 + 0{,}1$

Beim Ansatz der Gleichung für eine Toleranzuntersuchung muß darauf geachtet werden, daß der Rechnungsgang „geschlossen" ist; der Linienzug in Abb. 20 beginnt am rechten Ende von x und endet am linken. Ferner setzt man zweckmäßig vorher die Plus- und Minusrichtung fest, die Wahl der Richtungen ist beliebig. Verfolgt man den Linienzug in der Richtung der Pfeile und vergleicht mit der Zahlenrechnung, so wird man finden, daß alle Werte positiv eingesetzt sind, die von rechts nach links verlaufen, und umgekehrt. Durch diese Maßnahmen in Verbindung mit den beiden Hauptsätzen ist es möglich, Toleranzuntersuchungen weitgehend nach einem festen Schema durchzuführen, ohne jedesmal schwierige Überlegungen anzustellen, bei denen leicht Fehler unterlaufen.

Nicht immer ist der Rechnungsgang so einfach zu übersehen wie in Abb. 20. In Abb. 21 ist die Aufgabe behandelt, das Spiel x zwischen den beiden Scheiben zu berechnen. Hierbei müssen auch die Spiele in den Lagerstellen berücksichtigt werden, denn ein Drehmoment, das an der linken Scheibe wirkt, drückt beide Scheiben auseinander und vergrößert das Spiel x entsprechend den Lagerspielen. Bei dieser Art Aufgaben unterläuft beim Ansatz der Gleichung leicht der Fehler, daß x mit dem falschen Vorzeichen eingesetzt wird. Das hat zur Folge, daß man statt des erwarteten Größtmaßes das Kleinstmaß erhält, und umgekehrt. Deswegen wurde der Linienzug vollständig geschlossen; er beginnt und endet bei A. Die eine Seite der Ansatzgleichung ist somit gleich Null.

Im übrigen ist es gleichgültig, an welcher Stelle des Kreislaufes man beginnt; statt des Punktes A könnte auch jede beliebige andere Stelle gewählt werden.

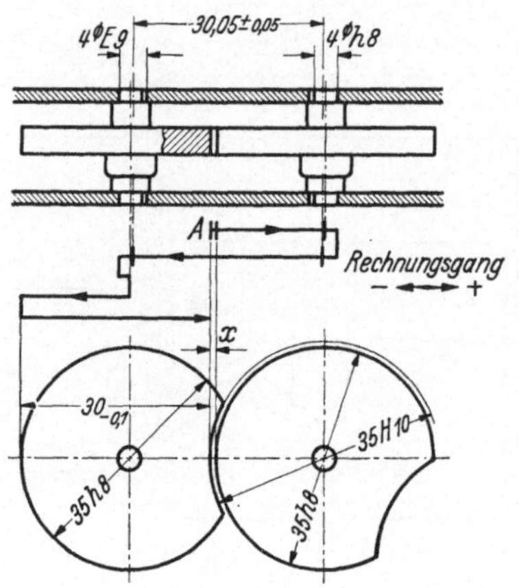

Abb. 21. Toleranzuntersuchung an einem Gesperre.

$$4\text{h}8 = 4_{-0{,}018}$$
$$4\text{E}9 = 4^{+0{,}05}_{+0{,}02}$$
$$35\text{h}8 = 35_{-0{,}039}$$
$$35\text{H}10 = 35^{+0{,}1}$$

$$0 = x + \tfrac{1}{2}\,35\text{h}8 + \tfrac{1}{2}\,4\text{h}8 - \tfrac{1}{2}\,4\text{E}9 - 30{,}05 \pm 0{,}05 - \tfrac{1}{2}\,4\text{E}9 + \tfrac{1}{2}\,4\text{h}8 - \tfrac{1}{2}\,35\text{h}8 + 30_{-0{,}1}$$
$$x = -\tfrac{1}{2}\,35\text{h}8 - \tfrac{1}{2}\,4\text{h}8 + \tfrac{1}{2}\,4\text{E}9 + 30{,}05 \pm 0{,}05 + \tfrac{1}{2}\,4\text{E}9 - \tfrac{1}{2}\,4\text{h}8 + \tfrac{1}{2}\,35\text{h}8 - 30_{-0{,}1}$$
$$x_G = -17{,}4805_K - 1{,}991_K + 2{,}025_G + 30{,}1_G + 2{,}025_G - 1{,}991_K + 17{,}5_G - 29{,}9_K = 0{,}2875$$
$$x_K = -17{,}5_G - 2_G + 2{,}01_K + 30_K + 2{,}01_K - 2_G + 17{,}4805_K - 30_G = 0{,}0005$$
$$\text{Probe: } \Sigma T = 0{,}0195 + 0{,}009 + 0{,}015 + 0{,}1 + 0{,}015 + 0{,}009 + 0{,}0195 + 0{,}1 = 0{,}287$$

Aus dem errechneten Größtspiel 0,2875 läßt sich die Verdrehungsmöglichkeit der linken Scheibe in gesperrtem Zustand berechnen. Hierbei ist für die Aussparung 35H10 das Größtmaß einzusetzen; denn, wenn der Rundungsdurchmesser kleiner wird, rücken die Spitzen der rechten Scheibe näher und das wirksame Spiel wird kleiner.

Die Proberechnung läßt auch erkennen, wie sich das Größtspiel zusa mensetzt. Zwei gewichtige Summanden sind die Toleranzen 0,1, die mit Rücksicht auf die Fertigung so groß gewählt wurden. Ist für den Verwendungszweck das errechnete Größtspiel zu groß, so muß in erster Linie an diesen Stellen die Fertigung weiter eingeengt werden.

In Abb. 22 sind zwei Flanschen dargestellt, die durch kreisförmig angeordnete Schrauben oder Nieten miteinander verbunden werden sollen. Aus der für beide Flanschen gleichen Teilkreistoleranz 50 ± 1 und dem Durchmesser der durchgesteckten Bolzen soll das Maß für das Durchgangsloch ermittelt werden. Die Abbildung zeigt den Fall, daß bei Teil 1 die Teilkreistoleranz nach Plus, bei Teil 2 nach Minus ausgenutzt ist. Ist das Durchgangsloch richtig bemessen, so werden in diesem Falle die Bolzen gerade festgeklemmt. Wird unter den gleichen Verhältnissen der Bolzen kleiner oder die Bohrung größer, so wird der Bolzen locker und die Austauschbarkeit ist nicht mehr gefährdet. Es braucht folglich nur das Größtmaß der Bolzen (8∅) berücksichtigt zu werden, und es kann nur das Kleinstmaß der Bohrungen berechnet werden, für die eine beliebige Plustoleranz angenommen werden kann. Der Rechnungsgang geht von dem (beliebigen) Punkte A aus und endet dort wieder.

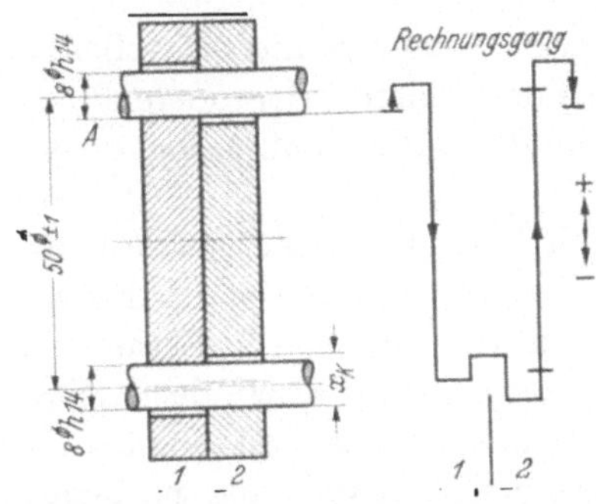

Abb. 22. Ermittlung der Durchgangslöcher an zwei Flanschen.

$$0 = \tfrac{1}{2}\,x_K - 51_G + \tfrac{1}{2}x_K - 8_G + \tfrac{1}{2}\,x_K + 49_K + \tfrac{1}{2}\,x_K - 8_G$$

$$2x_K = 51_G - 49_K + 2 \cdot 8_G = 18$$

$$x_K = 9$$

Die Rechnung ließe sich ebensogut schematisch nach Abb. 21 durchführen. Doch dabei muß darauf geachtet werden, daß beim Umformen der Gleichung nicht die Voraussetzung verloren geht: Teil 1 Größtmaß und Teil 2 Kleinstmaß des Teil-

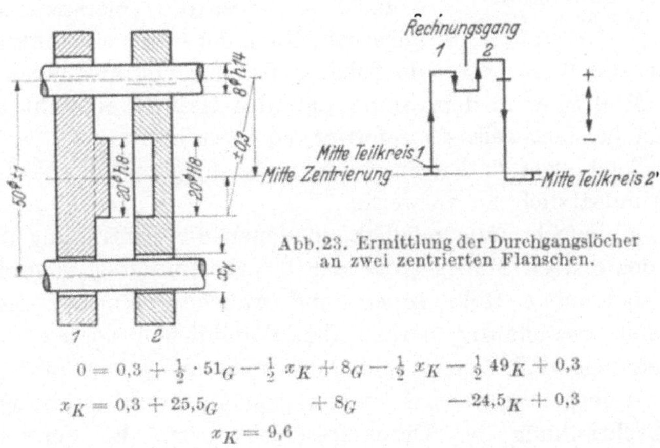

Abb. 23. Ermittlung der Durchgangslöcher an zwei zentrierten Flanschen.

$$0 = 0{,}3 + \tfrac{1}{2} \cdot 51_G - \tfrac{1}{2}\,x_K + 8_G - \tfrac{1}{2}\,x_K - \tfrac{1}{2}\,49_K + 0{,}3$$

$$x_K = 0{,}3 + 25{,}5_G + 8_G - 24{,}5_K + 0{,}3$$

$$x_K = 9{,}6$$

kreisdurchmessers. Durch Umkehren der Vorzeichen beim Umformen können dabei Fehler entstehen, wenn anschließend nach dem 2. Hauptsatz vorgegangen wird.

Auch in anderer Hinsicht können Toleranzgleichungen nicht ganz so behandelt werden wie gewöhnliche algebraische. Gleiche Ausdrücke mit verschiedenen Vorzeichen dürfen nicht gleich Null gesetzt werden, denn es handelt sich, da ein geschlossener Ring durchlaufen wird, stets um verschiedene Stellen des Gerätes, die zufällig gleiche Maße haben. Gleiche Ausdrücke mit gleichem Vorzeichen werden nur dann zusammengefaßt, wenn die Werte gleich werden sollen, wie die vier Bohrungen x_K in Abb. 22.

Würde man in Abb. 22 das Teil 1 nach oben verschieben wollen, so müßte man die Bohrungen größer ausführen, damit der obere Bolzen nicht klemmt. Beim Verschieben würde der untere Bolzen locker werden.

Dieser Fall tritt ein, wenn beide Flanschen zueinander zentriert sind, wie in Abb. 23, und eine außermittige Lage des Teilkreises zur Zentrierung möglich ist. In der Abbildung ist diese durch die Symmetrietoleranz $\pm 0{,}3$ gegeben. Die Zentrierung 20h8 zu 20H8 hat das Kleinstspiel 0, mit diesem muß gerechnet werden, denn das Festklemmen des Bolzens ist weniger zu befürchten, wenn die Zentrierung nachgeben kann. Der Rechnungsgang beginnt und endet in der Mitte der Zentrierung.

Weitere Beispiele für Lochkreistoleranzen sind im IV. Teil im Zusammenhang mit den Lochmittenlehren behandelt.

e) Überbestimmung von Toleranzen und Übertolerierung. Addiert man beispielsweise die beiden tolerierten Maße $30^{+0,5}$ und $40^{+1,5}$ mitsamt ihren Toleranzen, so erhält man 70^{+2}. Würde man dieses Maß mit der errechneten Summentoleranz (+2) oder einer anderen ebenfalls in die Zeichnung eintragen, wie in Abb. 24, so wären die Toleranzen überbestimmt. Nach der schon erwähnten Grundregel darf die Werkstatt jede Toleranz für sich voll ausnutzen. Tut sie dies bei Maß 70^{+2} in dem Sinne, daß das Maß 72 entsteht und wird außerdem beispielsweise 40 gefertigt, so entsteht statt $30^{+0,5}$ das Maß 32. Die Toleranzen sind nicht mehr unabhängig und das Verfahren ist daher grundsätzlich zu verwerfen.

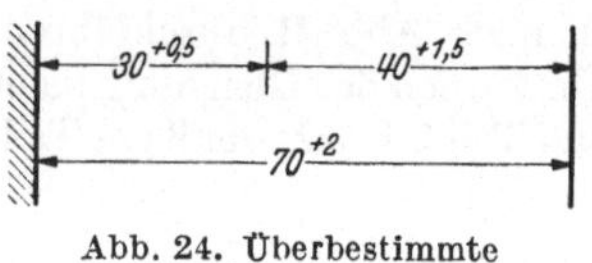

Abb. 24. Überbestimmte Toleranzen.

Es sind jedoch Fälle möglich, in denen die Eintragung und Tolerierung des dritten Maßes trotz der Überbestimmung wünschenswert ist. Ist bei einem Rohr Innen- und Außendurchmesser toleriert, so ergibt sich zwangläufig daraus die Wanddickentoleranz unter der Voraussetzung, daß Innen- und Außenzylinder genau mittig liegen. Muß sie kleiner sein, als sich rechnungsmäßig ergibt, so bedeutet dies eine Einschränkung der Durchmessertoleranzen. Es empfiehlt sich dann, in einer Bemerkung auf der Zeichnung auf die Überbestimmtheit hinzuweisen (Beispiel s. Abb. 25). Wenn die Wanddickentoleranz größer sein kann, als dies den Durchmessertoleranzen entspricht, ist es vorteilhafter, in irgendeiner Form Symmetrietoleranzen anzugeben.

Betrachtet man eine T-förmige Führung (vgl. Abb. 79, S. 80) in bezug auf die Tolerierung, so kommt man zu dem Ergebnis, daß das Anliegen des Innenteils am Außenteil auf allen 9 Flächen unmöglich erreicht werden kann. Da jedes Maß bei der Fertigung Schwankungen unterliegt, trägt in waagerechter wie in senkrechter Richtung jeweils nur eine Fläche, bzw. wird die Führung von einem Flächenpaar übernommen. Deswegen ist eine solche Konstruktion nur dann nicht übertoleriert, wenn in jeder Richtung nur ein Flächenpaar entsprechend der gewünschten Passung toleriert und an den übrigen Flächen soviel Spiel vorgesehen ist, daß auch bei Auswirkung der Symmetrietoleranzen keine Berührung zwischen Innenteil und Außenteil stattfindet. Für die Wahl der „Führungs"-Flächen ist die Möglichkeit wirtschaftlicher und genauer Fertigung und Messung ausschlaggebend.

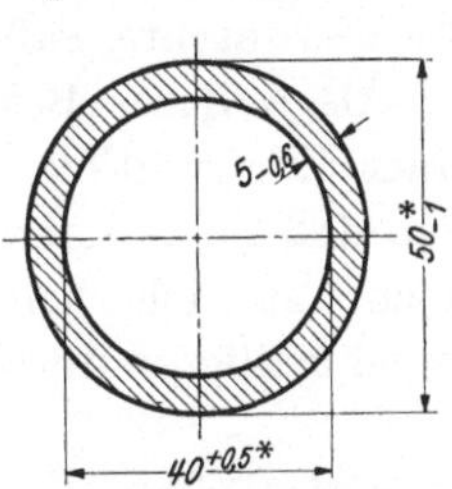

* *Die Durchmessertoleranzen dürfen nur soweit ausgenutzt werden, daß keine Überschreitung der Wanddickentoleranz eintritt.*

Abb. 25. Überbestimmte Toleranzen.

Ist z. B. das Istmaß des Außendurchmessers 49 geworden, so darf der Innendurchmesser höchstens 40,2 werden, damit nach Zeichnungsvorschrift die Wanddickentoleranz nicht überschritten wird. Hierbei ist genau mittige Lage vorausgesetzt. Etwa vorhandene Außermittigkeit muß außerdem berücksichtigt werden.

f) Ermittlung von Toleranzen durch Versuche. Wenn für einen Sonderfall keine Erfahrungen vorliegen, die für die Wahl einer geeigneten Passung maßgebend sein können, und wenn auch durch Rechnung das Paßtoleranzfeld nicht zuverlässig bestimmt werden kann[1], so muß die zweckmäßige Tolerierung durch Versuche ermittelt werden.

Es sei angenommen, daß eine Stahlbuchse in einen dünnwandigen Leichtmetallkörper eingepreßt werden soll. Die eingepreßte Buchse soll sich erst bei einer bestimmten Kraft in der Achsenrichtung oder bei einem bestimmten Drehmoment bewegen. Zur Durchführung der Versuche fertigt man eine Anzahl Buchsen und Körper aus dem gleichen Werkstoff und möglichst mit der gleichen Oberflächengüte, wie sie später bei der Fertigung ausfallen. Abb. 26 zeigt links als Beispiel die Reihenfolge der Versuche, bei denen die Übermaße systematisch so gewählt sind, daß mit möglichst wenig Werkstücken auszukommen ist.

Die Versuchsergebnisse zeigen, daß bei einem Übermaß von weniger als 50 μ der Sitz stets zu lose ist und über 110 μ stets Zerstörung des Leichtmetallkörpers eintritt. Ferner ergeben sich Grenzgebiete, innerhalb deren das Versuchsergebnis manchmal positiv, manchmal negativ ist. Zwischen diesen beiden Grenzgebieten wird diejenige Paßtoleranz gefunden, die stets den gestellten Anforderungen entspricht. Als Ergebnis der praktischen Versuche kann somit festgestellt werden, daß in diesem Fall ein Kleinstübermaß von 60 μ und ein Größtübermaß von

[1] Siehe Schrifttum Nr. 32.

100 μ zweckmäßig ist. Die Abbildung zeigt rechts, wie diese Paßtoleranz in Einzeltoleranzen zerlegt werden kann, und zwar einmal im System Einheitswelle, das andere Mal im System Einheitsbohrung. Es wäre ebensogut denkbar, daß (bei Nichtvorhandensein geeigneter Toleranzfelder im Einheitsbohrungs- oder Einheitswellensystem) eine Preßpassungswelle mit einer Preßpassungsbohrung gepaart wird, die zusammen die gewünschte Paßtoleranz ergeben, wie in Abb. 26 rechts angedeutet.

Als weiteres Beispiel sei angenommen, daß eine Zündschraube bei einer Eindringtiefe von 1,5 mm in keinem Falle durchschlagen werde, und daß sie andererseits bei einer Eindringtiefe von mindestens 0,5 mm noch mit Sicherheit gezündet werde (Abb. 20). Die Versuche werden zweckmäßig so durchgeführt, daß durch Unterlegen verschieden dicker

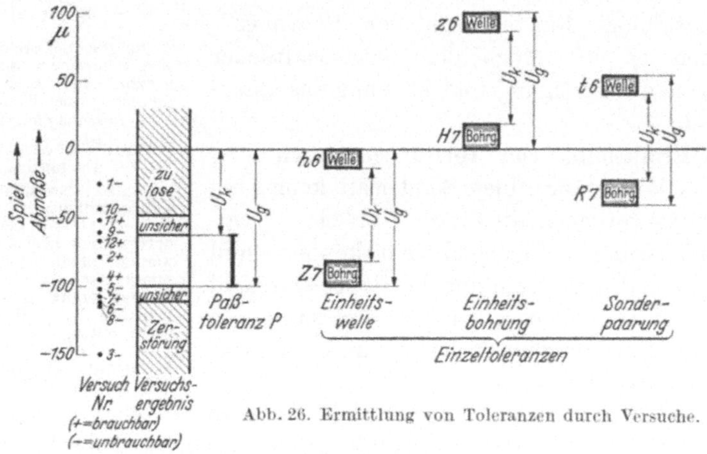

Abb. 26. Ermittlung von Toleranzen durch Versuche.

Bleche an geeigneter Stelle des Verschlusses die Eindringtiefe beliebig verändert werden kann, bis der Bereich, der eine sichere Zündung gewährleistet, eingegrenzt ist. Diese durch Versuche gefundene Toleranz muß dann auf die einzelnen in Betracht kommenden Maße verteilt werden.

Bei Getrieben irgendwelcher Art kann die zulässige Summentoleranz nach ihrer Größe und Lage auch in folgender Weise gefunden werden: Man nimmt gefühlsmäßig eine Summentoleranz an, teilt sie auf und fertigt zwei Geräte, deren Istmaße so an den Toleranzgrenzen liegen, daß die ungünstigste Auswirkung in beiden Richtungen zustande kommt (2. Hauptsatz beachten!). Wenn es möglich ist, sieht man an einem Versuchsgerät Verstellmöglichkeiten vor (z. B. verstellbare exzentrische Buchsen zur Veränderung von Achsabständen), mit deren Hilfe die Auswirkungen der Toleranzen in den ungünstigsten Fällen studiert werden können.

7. Formtoleranzen.

Betrachtet man als einfachstes Beispiel eine Rundpassung, Bohrung und Welle, die mit genormten handelsüblichen Lehren geprüft werden, so ergibt sich folgendes:

Die Bohrung wird mit einem Gutlehrdorn geprüft, dessen Meßfläche einen Zylinder von bestimmter Länge darstellt. Die Maß- und Formabweichungen der Lehre können für diese Betrachtung vernachlässigt werden, der Lehrdorn kann demnach mit einem idealen Zylinder mit dem Nennmaß der Gutlehre gleichgesetzt werden. Der Gutlehrdorn läßt sich ganz einführen, wenn das Werkstück an keiner Stelle diesen idealen Zylinder unterschreitet. Die Abb. 27 deutet eine solche Bohrung mit beliebigen Abweichungen, die übertrieben groß dargestellt sind, und den darin befindlichen Lehrdorn an. Die Bohrung kann, im ganzen oder stellenweise, unrund, kegelig, ballig, hohl oder krumm sein und sie kann alle diese Fehler, mehr oder weniger stark, gleichzeitig besitzen. Es kann sein, daß sie sich dem Lehrdorn nur an wenigen Punkten oder gar nicht nähert. Ist sie länger als der Meßzapfen und soviel krumm, daß die Lehre gerade noch hineingeht (Abb. 28), so ist zu befürchten, daß eine Welle, die länger ist als der Meßzapfen, sich nicht einführen läßt. Dünne und lange Lehrdorne (um 1 mm ∅) passen sich einer krummen Bohrung an; bei der zugehörigen Werkstückwelle geschieht dies dann auch, und die Folge davon ist, daß eine Spielpassung scheinbar enger wird.

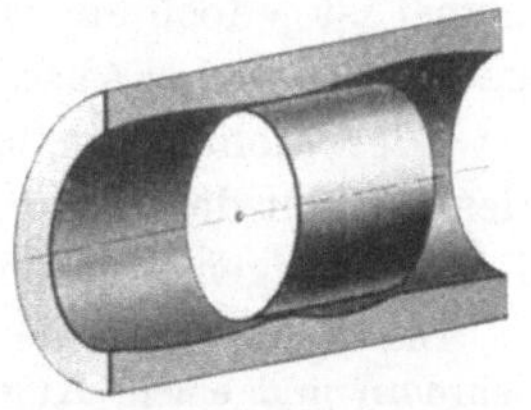

Abb. 27. Gutlehrdorn in einer Bohrung mit Formabweichungen.

Der Gutlehrdorn verhindert also Unterschreitungen des Kleinstmaßes in bezug auf alle genannten Formabweichungen, mit Ausnahme der Krummheit, die er nur auf seiner Länge prüft und soweit er sich nicht der krummen Form elastisch anpaßt.

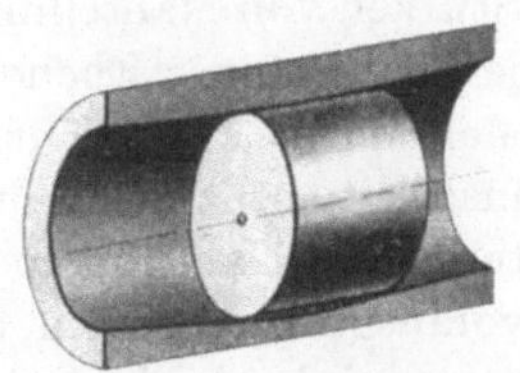

Abb. 28. Gutlehrdorn in einer krummen Bohrung.

Der Ausschußlehrdorn, der ebenfalls als idealer voller Zylinder anzusehen ist, darf sich nicht einführen lassen. Das bedeutet, daß an dem Ende der Bohrung, an dem man versucht, die Lehre einzuführen, der einbeschriebene Kreis kleiner sein muß als der Durchmesser des Ausschußlehrdornes. An dieser einen Stelle kann aber die Bohrung unrund sein oder sogar enger als in ihrem weiteren Verlauf. Folglich kann über das Spiel oder Übermaß zwischen Werkstückwelle und Werkstückbohrung sehr wenig ausgesagt werden; dieser Art der Ausschußprüfung haften große Mängel an.

Wenn es sich um eine Lagerbohrung handelt und demnach auf einen ununterbrochenen Schmierfilm und die einwandfreie Ausbildung eines Schmierkeiles sowie auf geringen Verschleiß, d. h. auf eine gute geometrische Übereinstimmung zwischen Welle und Bohrung und gleichmäßiges Tragen des ganzen Lagers besonderer Wert gelegt werden muß, aber auch bei Preßpassungen, muß man zu anderen Meßmitteln greifen. Vorteilhafter ist bereits eine Flachlehre mit zylindrischen Meßflächen, weil sie in gewissem Grade eine Unrundheit erkennen läßt. Am besten geeignet ist jedoch ein Meßmittel, das an jeder beliebigen Stelle zu prüfen gestattet, ob das Ausschußmaß des Bohrungsdurchmessers überschritten ist oder nicht. Ein solches Meßmittel ist das Kugelendmaß. Es ist deshalb mit der Einführung des ISA-Toleranzsystems als Ausschußlehre für Bohrungen weitgehend vorgeschrieben oder empfohlen worden.

Die sog. „Tebo-Lehre" stellt eine Vereinigung zwischen einem kugeligen Gutlehrdorn und einem Kugelendmaß dar[1]. Auf der Gutseite hat, gegenüber dem Zylinder, die Berührungsfläche die Länge Null; die Abweichung von der Geradheit wird also gar nicht erfaßt. Dies schadet nur dann nichts, wenn die Bohrung nicht lang ist oder infolge zweckmäßiger Wahl des Fertigungsverfahrens nur geringe Abweichungen auftreten.

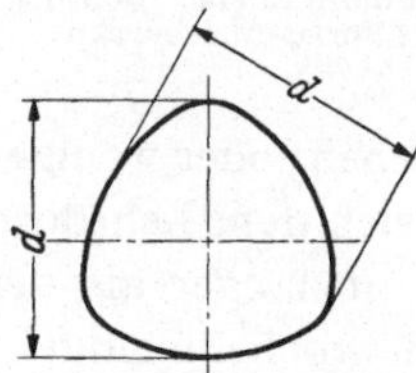

Abb. 29. Dreiseitiges Gleichdick.

Betrachtet man nun die der Bohrung zugeordnete Welle und ihre Prüfung, so stellt man fest, daß sie ebenso wie die Bohrung unrund, kegelig, ballig oder hohl und krumm sein kann. Sie wird zunächst mit einer Gutrachenlehre gemessen, die hinübergehen soll. Diese liegt, wenn sie zufällig paßt, in zwei kurzen Stücken von Mantellinien des Zylinders an. Die Geradheit wird also nur jeweils in einer Ebene und auf einer Länge geprüft, die der Dicke des Meßrachens entspricht. Balligkeit oder Hohlheit und Kegelform können insoweit vorhanden sein, als bei der vorgeschriebenen Anlage in zwei Mantellinienstücken nirgends das Maß der Lehre überschritten ist. Hierbei muß vorausgesetzt werden, daß eine genügende Anzahl von Messungen ausgeführt wird. Auch ein langrunder Querschnitt der Welle würde bemerkt werden, sobald das Lehrenmaß an der dicksten Stelle überschritten ist.

Es gibt Abweichungen vom Kreisquerschnitt derart, daß zwar der umbeschriebene Kreis größer ist als das Lehrenmaß, dies jedoch mit einer Rachenlehre nicht erkannt werden kann. Dies sind die sog. „Gleichdicke", die ein Mittelding zwischen der Kreisform und einem Vieleck mit ungerader Eckenzahl darstellen (Abb. 29). Ein Gleichdick entsteht oft beim spitzenlosen Schleifen.

Die vollkommenste Gutlehre für eine Welle ist ein Lehrring, dessen Länge gleich der „tragenden" Länge der Passung ist. Ein solcher läßt sich bei der Fertigung nicht immer gut anwenden, Lehrringe werden besonders in der Feinwerktechnik viel benutzt.

---

[1] Die Lehre ist von den schwedischen Kugellagerfabriken entwickelt worden und wird in Deutschland von Reindl & Nieberding, Berlin, hergestellt.

Die Ausschußrachenlehre darf sich nicht überführen lassen. Sie liegt ebenfalls in zwei Linien an, die im Grenzfalle (wenn das Teil gerade eben Ausschuß ist) auf Durchmessern liegen. Unterschreitungen des Ausschußmaßes sind etwa in der Form denkbar, daß die Welle auf der Länge der Berührungslinien hohl ist. Da diese verhältnismäßig kurz sind, kann der Fehler nur unbedeutend sein. Das Ideal wäre eine Ausschußrachenlehre mit punktförmiger Anlage, die, ebenso wie das Kugelendmaß, den Nachteil der schnelleren Abnutzung aufweist.

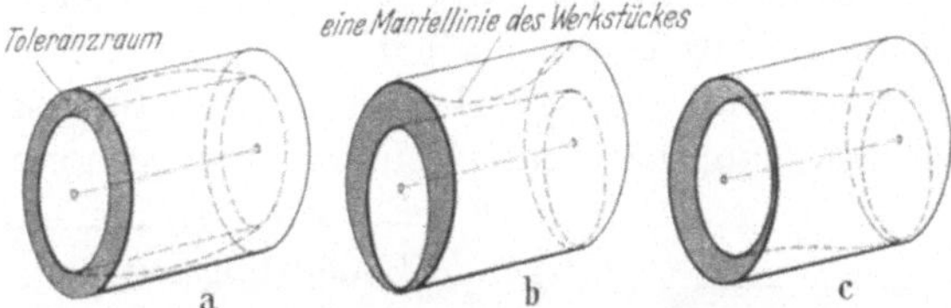

Abb. 30. Verschiedene Möglichkeiten der Ausnutzung einer gegebenen Maßtoleranz für Formabweichungen.

Die vorstehenden Betrachtungen haben gezeigt, daß in dem gewählten Beispiel Abweichungen von der idealen geometrischen Form zunächst innerhalb des Toleranzfeldes möglich sind, also auf Kosten der Maßtoleranz und darüber hinaus infolge der gebräuchlichen Meßverfahren Abweichungen auftreten können, die die Paßeigenart ungünstig beeinflussen können, so daß eine Preßpassung stellenweise zu kleines Übermaß, eine Spielpassung stellenweise zu große Luft aufweist.

Man wird aber auch erkannt haben, daß die Formtoleranzen niemals idealgeometrisch betrachtet werden dürfen, sondern stets nur unter Beachtung der durch die Meßgeräte gegebenen Möglichkeiten einer Abweichung, wenn eine solche Betrachtung praktischen Wert und nicht lediglich theoretisierende Bedeutung haben soll. Unter diesem Gesichtswinkel ist auch der Begriff des Toleranzraumes anzusehen, der durch zwei gleichachsige Zylinder dargestellt wird (Abb. 30a). An einem bestimmten Werkstück können die Grenzzylinder gleichachsig liegen, sie brauchen es aber nicht zu tun. Sie können ebensogut einseitig liegen oder irgendwie gekrümmt sein, weil ja Gut- und Ausschußlehre jede für sich frei und ohne zwangläufige Führung angewandt werden. Die in Abb. 30 angegebenen Möglichkeiten werden noch verwickelter, wenn die Gutlehre nicht die volle Form umschließt.

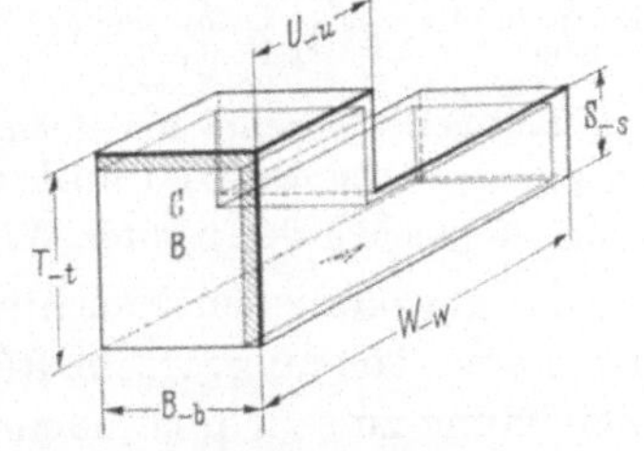

Abb. 31. Geometrischer Toleranzraum für ein einfaches Bauteil.

In Abb. 31 ist der Toleranzraum für das in Abb. 2 gezeigte Teil perspektivisch angedeutet. Die Ausgangsflächen sind A, B und C. Ist die Ausgangsfläche *B* beispielsweise schief, was ja leicht sein kann, so muß der Toleranzraum am andern Ende der Maße *U* und *W* selbstverständlich entsprechend eingeschränkt werden, oder aber er muß auch schief zur Grundfläche stehen. Ist die Fläche *B* krumm oder verwunden, so bleibt für die andern beiden Flächen weniger „Toleranzraum" übrig. Die Abb. 32 zeigt entsprechende Längsschnitte durch das Teil; dahinter oder davor liegende Schnitte können schon wieder anders aussehen.

Es zeigt sich, daß die Abweichungen von der Parallelität, Winkligkeit allgemein und Rechtwinkligkeit, der Umfangsschlag und der Stirnschlag in das Gebiet der Formtoleranzen fallen.

Ein wichtiger Schluß aus vorstehenden Betrachtungen sei an dieser Stelle aus dem III. Hauptabschnitt, Lehren, vorweggenommen, der auch für den Entwurf von Sonderlehren grundlegende Bedeutung hat:

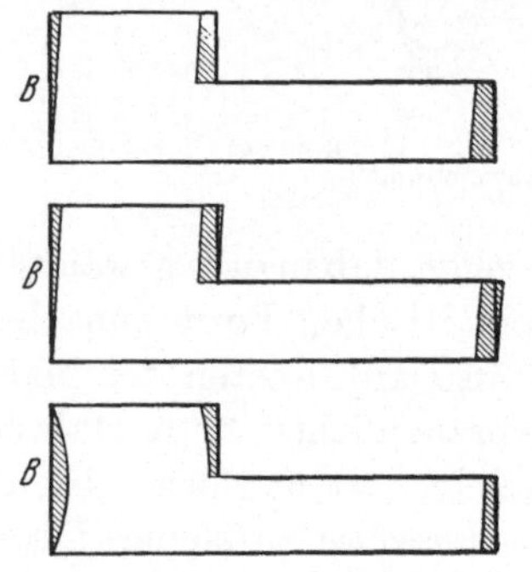

Abb. 32. Veränderung der Toleranzräume infolge von Formabweichungen der Ausgangsfläche *B*.

Eine Gutlehre ist meßtechnisch dann am vollkommensten, wenn sie sich in der Form und Größe der Meßfläche (nicht in den Lehrenmaßen) möglichst an diejenige des Gegenstückes[1] anlehnt; die Ausschußlehre dagegen soll möglichst punktweise messen. Ausschußlehren, die mit einer Messung mehrere Meßgrößen erfassen, sind grundsätzlich falsch entworfen (Taylorscher Satz).

Beispiel: Gutlehre für einen Vierkantzapfen: Vierkantdurchbruch möglichst in ganzer Länge des Werkstückzapfens, Ausschußlehre: offene Rachenlehre. Die Gutlehre enthält den rechten Winkel, die Ausschußlehre nicht.

Im gewöhnlichen Maschinenbau werden in den weitaus meisten Fällen keine Toleranzvorschriften für die Form nötig sein, weil sonst die Zeichnung zu sehr überladen würde und weil durch das Fertigungs- und Meßverfahren im allgemeinen genügend kleine Formabweichungen gewährleistet werden. Es ist aber notwendig, daß sich der Ingenieur darüber klar ist, welche Fälle trotz der sorgfältigen Tolerierung eintreten können, und im Einzelfalle, der es erheischt, entweder die Auswahl der Meßmittel vorschreibt oder besondere Angaben über Formtoleranzen macht. Da Kurzzeichen hierfür noch nicht genormt sind, muß man versuchen, in Worten möglichst eindeutig auszudrücken, was man verlangen will. Sobald die Formtoleranz kleiner sein muß, als die Maßtoleranz, ist besondere Vorsicht nötig, weil oft hierfür besondere Meßverfahren ausgearbeitet werden müssen.

[1] Unter Gegenstück ist das dem zu messenden Werkstück zugeordnete Werkstück zu verstehen, z. B. die zum Gewindebolzen gehörige Mutter.

Nimmt man z. B. eine Welle zwischen Spitzen auf und tastet sie punktweise mit einem Fühlhebel an, so kann man nicht ohne weiteres annehmen, daß die Drehachse mit der Achse des abgetasteten Zylinders zusammenfällt; dadurch können größere Formabweichungen vorgetäuscht werden. Dies ist nur ein Beispiel dafür, was alles beachtet werden muß.

Ferner ist zu bedenken, daß die Maß- und Formtoleranzen alle nicht voneinander unabhängig zu sein brauchen, obwohl dies nach dem Wortlaut einer Zeichnung den Anschein hat. Es kann die Überschreitung der einen Toleranz oft durch einseitige Einengung oder auch Überschreitung einer anderen Toleranz unbedenklich ausgeglichen werden. Beispielsweise darf in gewissen Grenzen ein Kurbelzapfen mehr schief stehen, wenn er entsprechend dünner ist. (Hierbei spielt oft auch die elastische Verformung unter Betriebslast eine Rolle.)

Es ist daher meist zweckmäßiger und bequemer, eine Funktionslehre zu bauen, die alle diese Einzeltoleranzen in ihrer Gesamtauswirkung nachzuprüfen gestattet; in der Gerätzeichnung muß auf diese Lehre hingewiesen werden. Für eine Kurbelwelle kann man sich diese Lehre als eine Nachbildung des Kurbelgehäuses denken, deren Maße so gewählt sind, daß die Austauschbarkeit gewährleistet ist. Dementsprechend würde die Funktionslehre für das Kurbelgehäuse die Form (lehrenfertigungstechnisch vereinfacht) der Kurbelwelle haben.

Zahlreiche weitere Hinweise auf Formtoleranzen finden sich im III. Abschnitt bei der Behandlung der verschiedenen Meßverfahren.

8. Oberflächengüte.

Die größtzulässige Rauhigkeit wird durch die Oberflächenzeichen nach DIN 140 angegeben. Sie hat mit der Maß- und Formtoleranz grundsätzlich nichts zu tun und ist davon unabhängig. Es kann beispielsweise eine Welle mit sehr großer Maßtoleranz hochglanzpoliert werden, andererseits ist aber eine sehr kleine Toleranz nicht mit einem Schruppschnitt erreichbar, abgesehen davon, daß die Unebenheiten der Oberfläche wahrscheinlich die Toleranzgrenzen überschreiten würden und daß eine solche Toleranz schwer einwandfrei meßbar und konstruktiv sinnlos ist. Abgesehen von diesem Zusammenhang muß die Oberflächengüte unabhängig von der Toleranz in jedem einzelnen Falle zum Gegenstand einer Überlegung gemacht werden. Auch hier gilt wie für die übrigen Toleranzen die Forderung: So grob wie möglich! Wenngleich zugegeben werden muß, daß oft aus Verkaufsrücksichten eine bessere Oberfläche erzeugt werden muß, so müßte sich doch im technischen Zeitalter in gewissem Umfang beim Verbraucher allmählich etwas Verständnis für die sachgemäße Oberflächengüte durchsetzen können, ebenso wie niemand mehr etwas dabei findet, daß technische Erzeugnisse keine kostspieligen Verzierungen tragen, sondern durch ihre technische Zweckmäßigkeit „schön" wirken.

Die Oberflächenzeichen nach DIN 140 legen die zulässige Rauhigkeit in sehr groben Zügen fest. Durch eine bestimmte geforderte Oberflächengüte wird daher die Zahl der möglichen Fertigungsverfahren eingeschränkt. Eine Vorschrift für ein bestimmtes Fertigungsverfahren wird dagegen nur bei wörtlicher Angabe in der Zeichnung (z. B. schleifen) gemacht. Im übrigen bleibt es dem Betrieb überlassen, für eine bestimmte Oberflächengüte das wirtschaftlichste Verfahren zu wählen.

Wegen der Schwierigkeit, die Oberflächenbeschaffenheit mit Worten festzulegen, hat das Heereswaffenamt Mustertafeln herausgegeben, die an einzelnen Stücken die Mindestgüte für ein bestimmtes Oberflächenzeichen bei verschiedenen Bearbeitungsverfahren zeigen und bei der Abnahme zum Vergleich benutzt werden.

Schmaltz hat in verdienstvoller Form die ganze Frage der Oberflächenbeschaffenheit untersucht und einen Normungsvorschlag für die Oberflächengüte gemacht[1]. Unterscheidungsmerkmal ist die Höhe, die sich im Profilschnitt zwischen dem höchsten und dem tiefsten Punkt der Profilkurve ergibt, wobei gelegentliche Ausreißer nicht beachtet werden. Nur wo es notwendig ist, können weitere Merkmale, die mittlere Höhe, der Völligkeitsgrad, der tragende Flächenanteil usw. hinzugenommen werden. Es ist zu wünschen, daß bald so viele Erfahrungen mit diesem Vorschlag vorliegen, daß er als Norm herausgegeben werden kann.

Neben zahlreichen elektrischen, optischen und mechanischen Verfahren ist besonders das Abtasten mit einer Spitze und Aufzeichnen einer Profilkurve und das Lichtschnittverfahren zu nennen. Bei diesem wird ein schmaler Lichtspalt schräg auf das Werkstück projiziert und schräg mikroskopisch beobachtet. Die Profilhöhe kann mikrometrisch ausgemessen werden. Bei allen Verfahren ist die Einstellung und Messung noch ziemlich umständlich und zeitraubend, so daß man sie nur stichprobenweise vornehmen wird und im übrigen nach dem Augenschein oder mikrostereoskopisch vergleichen wird.

III. Lehren.

1. Messen und Prüfen.

Messen ist entweder die zahlenmäßige Feststellung eines Längen- oder Winkelmaßes oder die Feststellung, ob ein Maß größer oder kleiner ist als ein gegebener Zahlenwert.

Im Sprachgebrauch wird unter „Messen“ in erster Linie das zahlenmäßige Feststellen verstanden, man spricht auch vom „Ausmessen“ oder (im Lehrenbau) vom „Vermessen“. Dies kann z. B. mit einem Strichmaßstab, einer Schieblehre oder einer Schraublehre geschehen. Auch Endmaße können dazu benutzt werden; hierbei wird durch Probieren diejenige Endmaßzusammenstellung gesucht, die sich gerade noch einführen läßt.

In der Werkstatt bedeutet die Ermittlung einer vielziffrigen Zahl eine ganz erhebliche Fehlerquelle und einen Zeitverlust. Deswegen ist man bei der Mengenfertigung dazu übergegangen, dem Arbeiter feste Lehren zu geben, mit denen er nur festzustellen hat, ob das Maß des Werkstückes größer oder kleiner als die feste Lehre ist. Das Maß dieser Lehre wird in dem hierfür besonders eingerichteten Meßraum mit der erforderlichen Genauigkeit „ausgemessen“. Diese Arbeit wird besonders geschulten

[1] Siehe Schrifttum Nr. 49 und 50.

Leuten übertragen. Damit ist die vollkommene Trennung zwischen der Maßfeststellung und der zweiten Art des Messens, die man als „Prüfen" bezeichnen kann, herbeigeführt.

2. Festmaß- und Istmaß-Lehren.

Wenn in diesem Zusammenhang der Ausdruck „feste Lehre" gebraucht wird, so soll damit nicht ausgesprochen werden, daß das Meßgerät keine beweglichen Teile enthalte oder besondere Festigkeitseigenschaften besitze. Auch die Unverstellbarkeit ist nicht entscheidend, denn es gibt zahlreiche sog. feste Lehren, die zum Ausgleich der Abnutzung nachgestellt oder auf andere Maße umgestellt werden können. Gemeint ist vielmehr eine Lehre, die nach einem festen, d. h. zahlenmäßig festgesetzten Maß gefertigt oder darauf eingestellt ist, im Gegensatz

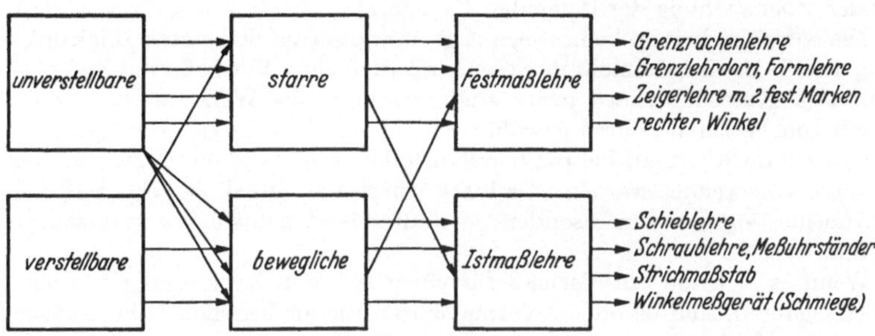

Abb. 33. Lehrenarten.

zu einer Lehre, mit der innerhalb bestimmter Grenzen jedes beliebige Istmaß zahlenmäßig ausgemessen werden kann.

Aus diesem Grunde wird im folgenden an Stelle des unklaren Ausdruckes „feste Lehren" von „Festmaß-Lehren" im Gegensatz zu „Istmaß-Lehren" gesprochen werden. Beide Arten können ihrer Bauart nach sowohl starr als auch beweglich ausgeführt sein und, wiederum unabhängig davon, entweder verstellbar oder unverstellbar sein.

Abb. 33 zeigt Beispiele für die Anwendung dieser Bezeichnungsweise. Danach ist, wenn man den Pfeilen folgt, eine Grenzrachenlehre eine entweder verstellbare oder unverstellbare, starre Festmaß-Lehre. Eine Schraublehre ist eine (meist) verstellbare, bewegliche Istmaß-Lehre.

Auch für Winkelmaße gibt es Festmaß- und Istmaß-Lehren, das nächstliegende Beispiel für eine starre Festmaß-Lehre ist der Anschlagwinkel, bewegliche Istmaß-Lehren sind der Universalwinkelmesser, der optische Winkelmesser von Zeiß und der optische Teilkopf.

Eine gewisse Schwierigkeit beim Gebrauch von Festmaß-Grenzlehren könnte in folgendem gesehen werden: Ist beispielsweise beim Abdrehen einer Welle auf der Drehbank ein Vormaß gefertigt, so muß der Dreher gefühlsmäßig beurteilen, wieviel er noch zustellen muß, um im nächsten Arbeitsgang das Fertigmaß zu erzielen und nicht entweder noch einen Schnitt ausführen zu müssen oder die Ausschußgrenze zu überschreiten. Er wird sich also vorsichtiger an das Toleranzfeld herantasten, als bei Anwendung einer Istmaßlehre. Dem steht die kürzere Einzelmeßzeit, die größere Unempfindlichkeit und die größere Meßsicherheit bei der Festmaßlehre gegenüber.

Der Dreher wird aber nach der Fertigstellung des ersten Werkstückes wissen, auf welchen Teilstrich er den Querschlitten einstellen muß, um innerhalb der gewünschten Toleranz zu gelangen. Ist die Größe dieser Toleranz der Drehbankarbeit angemessen, so werden die folgenden Stücke lehrenhaltig ausfallen. An der Art des Hinübergehens der Gutrachenlehre und am Anschnäbeln des Ausschußrachens läßt sich abschätzen, wie das Istmaß im Toleranzfeld liegt.

Bei der Mengenfertigung aber, von der hier die Rede ist, ist es die Aufgabe des Einrichters, die Werkzeuge und Arbeitsschlitten so einzustellen, daß die Stücke lehrenhaltig werden. Um der Abnutzung der Werkzeuge zu begegnen, wird meist nach der Ausschußseite hin eingestellt. Für dieses Einstellmaß kann eine besondere Lehre eingesetzt werden. Die Grenzlehre, die der Zeichnung entspricht, dient dann nur der Überwachung der laufenden Fertigung.

Die Schwierigkeit ist keineswegs so groß, wie sie auf den ersten Blick erscheinen mag; die Praxis hat vielmehr erwiesen, daß auch ohne Vormaß- und Zwischenmaß-Lehren die Ausschußziffern gering sind, wenn sich die Werkstatt erst an den Gebrauch von Festmaß-Lehren gewöhnt hat. Keinesfalls ist es zu empfehlen, neben diesen auch noch Istmaß-Lehren bereitzustellen, weil dann die Gefahr besteht, daß nur diese angewendet werden. Dadurch würde der Zweck der Festmaß-Lehrung, das „Ausmessen" nur von besonders geschulten Leuten ausführen zu lassen, verfehlt werden.

Wenn es sich um ein Vormaß für einen späteren Arbeitsgang handelt (z. B. Schleifzugaben), sind besondere Vormaßlehren, die als Festmaß-Lehren ausgebildet sind, zu empfehlen.

3. Wie wird gemessen?

Meßgeräte sind entweder handelsüblich oder Sonderbauarten.

Es sollte das Bestreben jedes Gerätkonstrukteurs sein und schon beim Entwurf darauf geachtet werden, daß soweit wie möglich handelsübliche Meßgeräte angewendet werden können. Dies hat den Vorteil, daß die Meßgeräte für viele Zwecke nutzbar gemacht werden können und nicht nach dem Aussterben einer Gerätbauart wertlos werden. Außerdem sind handelsübliche Ausführungen vielfach billiger und schneller lieferbar. Durch die kurze Lieferzeit wird die Anlaufzeit für eine Fertigung verringert und ein etwa notwendig werdender Ersatz verursacht geringere Störungen der Fertigung. Dazu kommt, daß für die Herstellung von Sonderlehren meist hochwertigere Arbeitskräfte notwendig sind, an denen sich in guten Zeiten stets ein fühlbarer Mangel bemerkbar macht.

Vorteile von Sonderbauarten können sich ergeben, wenn die Lehre handlicher, genauer, billiger oder sonstwie zweckmäßiger ausgebildet werden kann als ein handelsübliches oder genormtes Meßgerät für den gleichen Zweck. Es ist beispielsweise, besonders bei der Werksrevision, oft von Nutzen, wenn in einem Körper mehrere Grenzrachenlehren vereinigt werden. Dann können mehrere Durchmesser nacheinander geprüft werden, ohne daß die Lehre aus der Hand gelegt wird. Auch das Hintereinanderlegen des Gut- und Ausschußrachens ist vielfach vorteilhaft, weil Gut- und Ausschußprüfung mit einer Handbewegung erfaßt sind. Seit einiger Zeit erscheinen solche Lehren auch auf dem Markt. Sie sind meist nachstellbar und werden dadurch schwerer als eine besonders entworfene Blechlehre. Auch wenn man davon absieht oder das Gewicht wegen der Kleinheit der Lehre ohne Bedeutung ist, kann es wirtschaftlicher sein, eine derartige Blechlehre besonders anzufertigen, nämlich dann, wenn sie sich bei der vorgesehenen Gerätstückzahl bis zur Unbrauchbarkeit abnutzt. Dann sind die Meßflächen meist so uneben und unparallel geworden, daß die Nachstellbarkeit bei der handelsüblichen Ausführung auch nicht mehr viel hilft. Man erkennt, was für Überlegungen bei der Wahl der Meßgeräte in jedem einzelnen Falle anzustellen sind, und daß diese Frage nicht grundsätzlich beantwortet werden kann, sondern in jedem einzelnen Falle erwogen werden muß.

Jedoch ist die Beantwortung der Frage, ob eine handelsübliche oder Sonderausführung zu wählen ist, nicht die Aufgabe des Gerätkonstrukteurs, sondern der Arbeitsvorbereitung und des Lehrenkonstrukteurs. Der Gerätkonstrukteur sollte lediglich soweit wie möglich die Anwendungsmöglichkeit handelsüblicher Meßmittel anstreben.

Wird dann trotzdem vom Arbeitsvorbereitungsbüro eine Sonderlehre vorgesehen, so ist es auch dann vorteilhaft, wenn beispielsweise für eine Welle eine normale Toleranz gewählt wurde, und zwar mit Rücksicht auf die hierfür vorhandenen Meßscheiben zum Prüfen der Lehre.

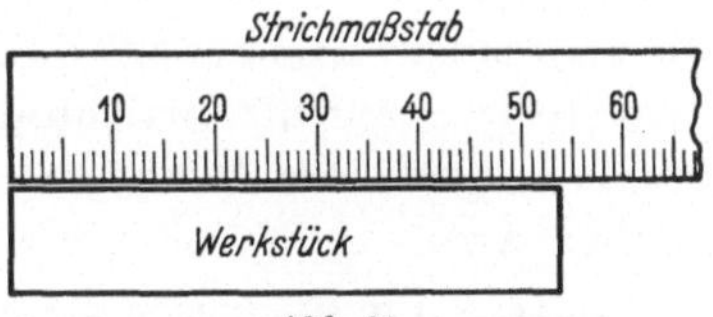

Abb. 34. Strichmessung (Körper—Strich).

Es ist folglich notwendig, daß dem Gerätkonstrukteur die gebräuchlichen Arten handelsüblicher Meßmittel hinsichtlich ihrer Bauart und Anwendungsmöglichkeiten bekannt sind.

Es kann nicht die Aufgabe dieser Arbeit sein, diese Kenntnis erst von Anfang an zu vermitteln, in dieser Hinsicht muß auf das einschlägige Schrifttum verwiesen werden. Es erscheint jedoch eine kurze Besprechung der Meßmittel im Hinblick auf den Zweck dieser Arbeit vonnöten, eine meßtechnisch richtige Tolerierung zu ermöglichen, sowie mit Rücksicht auf die bei der Aufstellung von werkstattreifen Gerätzeichnungen notwendigen Überlegungen hinsichtlich der Sonderlehren. Denn es wird sich zeigen, daß die Mehrzahl der Sonderlehren-Konstruktionen von den Meßverfahren mittels handelsüblicher Lehren abgeleitet ist.

a) Strichmessung. Die einfachste und ursprünglichste Art des Messens ist die mittels Strichmaßstab. Der Maßstab mit Millimeterteilung wird möglichst nahe und parallel an das zu messende Längenmaß angelegt und die Anzahl der vollen Millimeter unmittelbar abgelesen, Bruchteile von Millimetern können geschätzt werden (Abb. 34). Man wird eine solche Schätzung in der Werkstatt kaum auf weniger als 0,2 mm zuverlässig annehmen können. Die Größe des Fehlers hängt von zahlreichen Umständen ab: Fehler der Teilung, Art des Nullpunktes (Strich oder Endfläche), Fehler des Nullpunktes, scharfkantige Begrenzung, Dicke, Länge und Geradheit der Striche, Scharfkantigkeit des zu messenden Werkstückes, Beleuchtung, sowie vom physiologischen Bau des menschlichen Auges. Es ist ferner festgestellt worden, daß bei jeder Schätzung innerhalb eines Intervalles der Fehler nicht über das ganze Intervall hinweg gleichmäßig verteilt ist. Bestimmte Werte werden bevorzugt und andere dafür vernachlässigt. Am größten ist der Fehler bei 0,2 und 0,8, am kleinsten bei 0,0, 0,5 und 1,0.

Versuche haben gezeigt, daß es nutzlos ist, bei einer fortlaufenden Teilung den Strichabstand wesentlich kleiner zu wählen als 1 mm, solchen Teilungen fehlt es an Übersichtlichkeit und die Strichdicke, die nicht beliebig klein genommen werden kann, macht sich beim Schätzen störend bemerkbar.

Der einfache Strichmaßstab wird im Maschinenbau nur für ganz grobe Messungen benutzt. Das Ablesen und Schätzen der Lage einer Körperkante zu einer Strichteilung ist unbequemer und bringt größere Fehler, als das Ablesen und Schätzen eines Markenstriches zu einer Strichteilung. Dies hat seinen Grund nicht allein darin, daß die Körperkante nie ganz scharf ist, sondern auch darin, daß das Auge gewissermaßen von dem Körper auf die Strichteilung übersetzen muß. In gleicher Weise ergibt es genauere Werte, wenn ein Körper mit einem Körper verglichen wird.

Ein einfacher Versuch, den jeder ausführen kann, wird dies bestätigen. Man bemühe sich, das sauber bearbeitete Ende eines Flacheisenstückes mit einem bestimmten Strich eines Maßstabes in übereinstimmende Lage zu bringen. Man wird hierbei bereits eine größere Unsicherheit empfinden, als wenn die Aufgabe gestellt wird, zwei gleiche Flachstücke so nebeneinander zu legen, daß die Enden auf einer Seite möglichst genau gleichliegen. Prüft man die beiden Ergebnisse der Bemühungen mit einfachen Meßmitteln nach und wiederholt den Versuch mehrmals, so wird man feststellen, daß die Streuung beim Strich—Körper-Vergleich erheblich größer ist, als beim Körper—Körper-Vergleich; bei diesem kann außerdem neben dem Gesichtssinn noch der Tastsinn zu Hilfe genommen werden.

Ebenso läßt sich zeigen, daß ein Strich—Strich-Vergleich genauer ist, als ein Körper—Strich-Vergleich.

Dies ist eine wichtige Erkenntnis, die für die Wahl einer Lehrenkonstruktion bestimmend ist. Will man g e n a u messen, so ist unbedingt die Strich—Strich- oder die Körper—Körper-Messung vorzuziehen. Markenrisse am Werkstück sollen, wenn es auf Genauigkeit ankommt, nur mit einem Markenstrich an der Lehre geprüft werden und Körpermaße nur mit körperlichen Lehren. Damit ist nicht gesagt, daß das kombinierte Verfahren Körper—Strich oder Strich—Körper nicht auch angewendet werden dürfte, nämlich dann, wenn eine große Genauigkeit nicht notwendig oder nicht erwünscht ist. Ist eine Toleranz von 3 mm angegeben, so hat es keinen Sinn, diese mit einer Genauigkeit von 0,01 mm messen zu wollen, vielmehr genügt eine solche von 0,1 bis 0,3 vollkommen.

Wichtig ist, daß der Messende sich stets über die Genauigkeit seines Meßverfahrens im klaren ist und nicht Werkstücke verwirft, bei denen er eine Toleranzüberschreitung feststellt, die im Rahmen der Meßfehler liegt. Bisweilen wird sogar bewußt das kombinierte Meßverfahren angewandt, nur um toleranter gegenüber geringfügigen Überschreitungen großer Toleranzen zu sein.

Die Erreichung größerer Genauigkeiten ermöglicht der Nonius (Abb. 35), wie er von der Schieblehre her allgemein bekannt ist. Dies ist keine reine Strichmessung mehr, sondern eine Körperanlage ist in der Form der Meßschnäbel gewissermaßen „vorgeschaltet", man kann von einer „Übertragung" (im Gegensatz zur Übersetzung) sprechen.

Schieblehren haben im allgemeinen Nonien, die 0,1 mm abzulesen gestatten. Daneben sind auch 1/20- und 1/50-Nonien im Handel. Die Genauigkeit ist durch DIN 862 vorgeschrieben. Man wird im allgemeinen beim Werkstattgebrauch der Schieblehren nicht eine größere Genauigkeit erwarten dürfen, als der Noniusteilung entspricht. Zwar ist es bei einiger Übung möglich bei einem 1/50-Nonius auch noch Hundertstel abzuschätzen, nämlich dann, wenn kein Strichpaar zusammenfällt, doch kann damit nicht gerechnet werden.

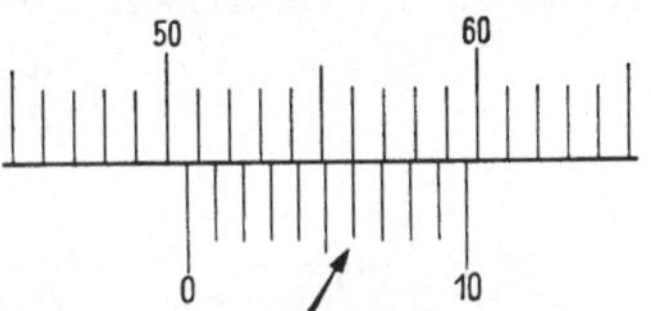

Abb. 35. Nonius. Eingestelltes Maß : 50,6.

Der Nonius stellt bereits eine Art Übersetzung dar. Das meßtechnisch Bemerkenswerte an ihm ist die Ausnutzung der Fähigkeit des menschlichen Auges, geringe Unterschiede in der Übereinstimmung zweier Markenrisse erkennen zu können, eine Fähigkeit, die beim Bau von Sonderlehren ebenfalls häufig ausgenutzt wird. Das unbewaffnete Auge vermag bei gewöhnlichem Sehabstand (250mm) unter günstigsten Bedingungen noch eine Abweichung vom Gegenüberstehen zweier Striche um etwa 0,015 mm wahrzunehmen[1]. Daraus erkennt man, daß der 1/50-Nonius die praktisch erreichbare Grenze darstellt, und daß es ferner zwecklos ist, Markenrisse, die mit bloßem Auge beobachtet werden, genauer als $\pm 0{,}01$ mm bezüglich ihrer Lage zu fertigen, wenngleich eine genauere Fertigung technisch möglich ist.

Der Nonius wird benutzt bei Schieblehren für Wellen und Bohrungen, bei Tiefenlehren und beim Höhenreißer.

In gleicher Weise wie bei Längenmessungen wird die einfache Strichmessung und die Strichmessung mit Nonius auch auf Kreisteilungen angewandt. Beim Universalwinkelmesser können 5 Winkelminuten abgelesen werden.

[1] Hierbei ist von einer Punktsehschärfe von 50″ ausgegangen, die Koinzidenzsehschärfe ist 3—4 mal empfindlicher, d. s. $\approx 13''$. Der angegebene Wert stellt ein Optimum dar.

Bei allen Strichmessungen kann ein Ablesefehler durch **Parallaxe** auftreten, und zwar dann, wenn bei der Messung nach Abb. 34 die obere Werkstückfläche nicht in der gleichen Ebene liegt wie die Maßstabteilung und mit dem Auge nicht genau an der zu messenden rechten Werkstückfläche entlang „gepeilt" wird. Auch bei Nonien liegt die Noniusteilung meist nicht in der gleichen Ebene wie die Hauptteilung und bei Zeigermeßgeräten mit Übersetzung, wie sie im nächsten Abschnitt behandelt werden, hat der Zeigerstrich oder die Zeigerspitze ebenfalls einen bestimmten Abstand von der Teilung. Befindet sich das beobachtende Auge beim Ablesen dann nicht in der Ebene, die durch den Zeigerstrich (Noniusstrich) geht und auf der Teilungsebene senkrecht steht, so ist das Meßergebnis ebenfalls mit einem Parallaxenfehler f behaftet, wie in Abb. 36 erläutert.

Zur Ausschaltung der Parallaxe wird z. B. bei Flüssigkeits-Druckmessern und elektrischen Meßgeräten ein Spiegel so angeordnet, daß bei richtiger Augenstellung die Flüssigkeitskuppe oder die Marke am Zeiger sich mit ihrem Spiegelbild deckt. Bei Werkstattmeßgeräten der hier besprochenen Art ist dies Verfahren in letzter Zeit ebenfalls angewendet worden.

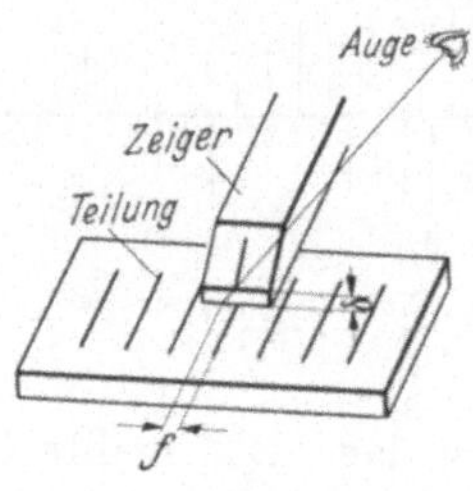

Abb. 36. Parallaxe, f = Ablesefehler.

Eine Vorstellung von der Größe des Parallaxenfehlers gibt folgende einfache Überlegung. Die Dicke eines Noniusfensters oder Zeigerendes (δ in Abb. 36) sei 0,25 mm; dann hat eine Abweichung des Auges um 20 mm nach der Seite (bei 250 mm Sehabstand) einen Ablesefehler von 0,02 mm zur Folge. Dies ist eine mit dem Auge erkennbare Abweichung.

Zur Vermeidung des Parallaxenfehlers muß bei Meßgeräten mit Zeigerablesung die Teilung so angeordnet sein, daß der Ablesende das Auge mühelos in die richtige Stellung zur Teilung bringen kann. Vielfach wird aus diesem Grunde das anzeigende Gerät (Meßuhr, Mikrotast usw.) nach hinten geneigt angeordnet. Bei der Schieblehre und der Schraublehre bilden Teilungs- und Zeigerebene einen möglichst stumpfen Winkel zueinander, und das Noniusfenster oder die Teilungstrommel ist so zugeschärft (Abb. 36), daß die Strichenden angenähert in die Ebene der Hauptteilung fallen. Am besten wäre es, wenn die Teilungen unmittelbar nebeneinander in einer Ebene lägen. Bei der Schraublehre ist dies nicht möglich, bei der Schieblehre ist es deswegen nicht zu empfehlen, weil sich die Kanten der Hauptteilung beim Gebrauch verrunden und die Strichenden dann nicht mehr aneinanderstoßen. Dadurch treten Schätzungsfehler auf, die auch durch geschicktes Ablesen nicht mehr ganz vermeidbar sind (Abb. 37). Außerdem lassen sich werkstattmäßig die Striche in der Nähe einer Kante nicht ganz sauber und gleichmäßig ausführen, ein Mangel, der bei dieser Anordnung zweimal, bei der allgemein gebräuchlichen dagegen nur einmal, am Noniusfenster, in Erscheinung tritt.

Auch bei optischen Geräten: Lupen, Mikroskopen, Fernrohren gibt es eine Parallaxe. Eine gute und richtig eingestellte Optik darf beim Bewegen des Auges vor dem Okular senkrecht zur Achse keine Verschiebung zwischen dem Objekt und den im Okular angebrachten Marken zeigen.

b) Strichmessung mit Übersetzung. Um die Ablesegenauigkeit zu vergrößern, der durch die physiologischen Eigenschaften des Auges eine Grenze gesetzt ist, und auch um einer Überanstrengung (1/50-Nonius!) und schnellen Ermüdung des Auges vorzubeugen, wird bei vielen Meßgeräten vor die Strichmessung eine Übersetzung geschaltet.

Diese Übersetzung kann auf mechanischem, optischem, pneumatischem oder elektrischem Wege erzielt werden.

Für den Werkstattgebrauch muß bei Istmaßlehren dieser Art im Durchschnitt mit einem Fehler gerechnet werden, der je nach der Bauart und der Größe des Gesamtbereiches größer oder kleiner als ein Skalenteil ist. Nutzt man einen großen Meßbereich ganz aus, wie er z. B. bei der Meßuhr oder der Längenmeßmaschine zur Verfügung steht, so können die Fehler mehrere Skalenteile betragen. Bei dieser Art Messungen ist es Unfug, Zehntel von Skalenteilen zu schätzen. Benutzt man dagegen nur einen Bruchteil von einem großen Gesamtbereich, so kann der Fehler sehr herabgedrückt werden, wenn man nicht nach Null einstellt, sondern mit einer Gegenlehre, deren Maß nur wenig von dem zu messenden abweicht.

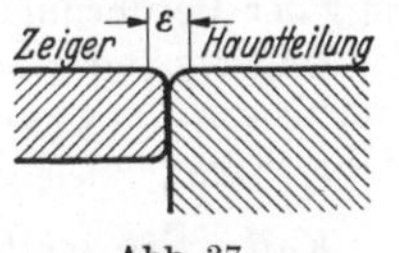

Abb. 37. Schätzungsfehler.

Jedes Meßgerät und jede Meßanordnung sollte vor Ingebrauchnahme in der Werkstatt mit geeigneten, einfachen Mitteln auf die Meßfehler geprüft werden. Bei den Genauigkeitsangaben der Meßgerätfirmen ist zu unterscheiden zwischen dem Instrumentenfehler und dem Gesamtmeßfehler, der erheblich größer sein kann, da er Temperatureinfluß, Meßkraftschwankungen, Aufbiegung der Halter, persönliche Fehler usw. einschließt. Die sehr nachgiebigen, dünnen Meßuhrständer sind glücklicherweise fast ganz aus dem Handel verschwunden. In bezug auf die erzielbare Genauigkeit ist auch die Abnutzung zu berücksichtigen, die durch regelmäßiges Nachprüfen und Nachstellen ausgeglichen werden muß.

Erst in letzter Zeit wird die Umkehrspanne gebührend beachtet, die sich in verschiedenen Zeigerstellungen äußert, je nachdem ob die gleiche Stellung des Taststiftes durch Hinein- oder Herausgehen des Taststiftes, also von einem kleineren oder von einem größeren Maß aus erreicht wird[1]. Die Umkehrspanne wird vorwiegend durch Reibung

[1] Vgl. Schrifttum Nr. 8.

und Lagerspiele hervorgerufen; sie bewirkt bei einer Schlagprüfung, daß ein kleinerer Schlag als der wirklich vorhandene angezeigt wird.

Hebel. Das einfachste mechanische Maschinenelement, das zur Übersetzung von Meßwerten benutzt wird, ist der ungleicharmige Hebel. Er wird angewandt bei den verschiedenen Fühlhebelbauarten (z. B. Minimeter, Mikrotast, Orthotest, Compar usw.) mit 100facher bis 1000facher Übersetzung und Meßbereichen von etwa 20—200 Skalenteilen. Hebel werden ferner bei Innenmeßgeräten zur Übertragung des Meßwertes in vielfältiger Form benutzt. Eine Untersuchung über Hebelfehler findet sich im Anhang dieses Buches.

Gegen rauhe Behandlung in der Werkstatt sind Hebelgeräte ziemlich empfindlich, wenn die Lager und Gelenkstellen durch Schneiden gebildet werden und die Meßwertübertragung formschlüssig geschieht. Das Bestreben der Meßgerätkonstrukteure ist daher auf die Vermeidung scharfer Schneiden und besonders darauf gerichtet, die Anlage zwischen den einzelnen Teilen kraftschlüssig durch Federn zu bewirken. Ein Schlag auf den Tastbolzen bewirkt dann zunächst eine Verminderung der Berührungskraft oder ein Abheben an der Übertragungsstelle, dann wird das Zeigersystem wieder durch eine Feder zur Anlage gebracht. Auch in Meßuhren sind federnd angeordnete Zwischenhülsen als Stoßschutz eingebaut worden (Carl Mahr, Eßlingen).

Keil. Ein weiteres Maschinenelement, das zur Übersetzung geeignet ist, ist der Keil. Er wird bei handelsüblichen Meßgeräten mit Teilung und Zeiger wenig angewandt, häufiger wird er (meist ohne Übersetzung, 45°) zur Umlenkung einer Bewegung benutzt, so bei Innenmeßgeräten. Er hat den Vorteil, daß er sehr genau gefertigt werden kann. Sehr vielseitig ist seine Verwendung bei Lehren für Drahtdicken, Blechdicken und — als Kegel — für Bohrungen, sowie in der Form zweier unparalleler Lineale, zum Sortieren von Kugeln; die Kugeln laufen vom engen Ende nach dem weiten zu und fallen zwischen den Linealen hindurch in entsprechende Behälter, an der Stelle, die ihrem Durchmesser entspricht.

Schraube. Die Schraube wird zur Übersetzung eines Meßergebnisses in vielfältiger Form benutzt, als Schraublehre für Wellenmaße (Bügelschraublehre) wie für Innenmaße und für Tiefenmaße, ferner in Sonderausführungen für Gewindemessung mit auswechselbaren Einsätzen oder nach dem Dreidrahtverfahren, sowie beim Sphärometer zum Messen der Krümmung von Kugelkalotten. Der Skalenwert beträgt im allgemeinen 0,01 mm. Die Genauigkeitsansprüche, die an gute Schraublehren gestellt werden können, sind in DIN 863 festgelegt. Werden höhere Ansprüche gestellt, so müssen die Steigungsfehler ausgeglichen werden. Dies wird z. B. bei der Tischverstellung von Lehrenbohrmaschinen in der Weise bewirkt, daß die der Hauptteilungstrommel gegenüberstehende Noniustrommel durch ein Kurvenlineal um geringe Beträge verdreht wird. Diese Beträge entsprechen den an der Spindel durch genaueste

Messung ermittelten Steigungsfehlern. Auf diese Weise ist der Fehler auch für größere Meßlängen auf etwa 1 μ herabgedrückt worden.

Recht lehrreich ist die Verwendung der Schraube an der Lehrenbohrmaschine von H. Lindner. Zur groben Längs- und Quereinstellung des Tisches dienen Millimeter-Teilungen. Für die Feineinstellung ist längs der beiden Bewegungsrichtungen eine hochglanzpolierte Welle angeordnet, auf der sich ein schraubenlinig verlaufender feiner Riß befindet. Auf der Welle ist eine Teilungstrommel befestigt; die Einstellung geschieht mit Nonius. Sodann wird der Tisch mit Hilfe einer Transportspindel solange verstellt, bis der schraubenlinige Riß im Gesichtsfeld eines Mikroskopes genau zwischen den zwei Markenstrichen der Okularstrichplatte liegt.

Eine Verbindung der Schraube mit optischen Meßmitteln ist das Werkstattmeßmikroskop. Die Verstellung des Tisches mit dem zu messenden Stück erfolgt nach rechtwinkligen Koordinaten mit je einer Lehrschraube mit $^1/_{100}$ mm Ablesung. Das Werkstück wird mit einem Mikroskop, das eine Strichplatte enthält, anvisiert. Winkelmessungen werden durch eine drehbare Strichplatte mit Kreisteilung ermöglicht.

Das Werkstattmeßmikroskop verdient in diesem Zusammenhang besondere Erwähnung, obschon es hauptsächlich für die Vermessung von Werkzeugen und Lehren, jedoch weniger für Werkstücke benutzt wird. Aus der Anordnung des Aufspanntisches als Kreuzschlitten und seiner sonstigen vielseitigen Verwendbarkeit folgt nämlich, daß es zweckmäßig ist, für eine irgendwie gestaltete Form, für die ein Formwerkzeug oder eine Formlehre notwendig wird, die Bemaßung in der Gerätzeichnung nach einem rechtwinkligen Koordinatensystem vorzunehmen, um Umrechnungen zu vermeiden. Als Ausgangsordinaten werden vorteilhaft möglichst die wichtigsten aufeinander senkrecht stehenden Flächen gewählt, die möglichst lang sein sollen.

In gleicher Weise überlege man sich beim Eintragen der Maße, ob für Vorrichtungen oder Lehren zu einem Gerätteil ein Lehrenbohrwerk benutzt wird und bemaße dementsprechend. Auch dieses arbeitet nach einem rechtwinkligen Koordinatensystem. Wahllos durcheinander gewürfelte Maße lassen nicht nur Fehler beim Umrechnen befürchten, sondern vermindern auch die Genauigkeit der Betriebsmittel (Vorrichtungen, Werkzeuge, Lehren) und damit der Werkstücke.

Das Spiel im Gewinde einer Schraublehre wird durch Nachstelleinrichtungen nach Möglichkeit ausgeschaltet, ganz beseitigen läßt es sich nicht, schon mit Rücksicht auf die Notwendigkeit eines Schmierfilms. Deswegen muß die Meßkraft immer in der gleichen Richtung, auf die gleiche Gewindeflanke, wirken; dies ist wichtig, wenn eine Lehrschraube (ohne Bügel im Handel erhältlich) in eine Sonderlehre (Istmaß-Lehre) eingebaut wird. Beim Einstellen einer solchen Lehre muß die Meßkraft in der gleichen Richtung wirken wie beim Messen.

Die Regelung der Meßkraft[1] ist bei so genauen Messungen, wie sie die Schraublehre ermöglicht, besonders wichtig. Schwankungen der Meßkraft bewirken verschieden starke Abplattungen an den Berührungsstellen und verschieden große elastische Formänderungen der Lehre. Auch die meist angebrachte Ratsche oder Reibkupplung bietet keine unbedingte Gewähr für gleichbleibende Meßkraft, durch mehr oder weniger schnelles Andrehen können erhebliche Unterschiede hervorgerufen werden.

Eine Erweiterung des Anwendungsgebietes der Schraube als Übersetzung stellen die Meßmaschinen dar, soweit man sich hierbei der Schraube bedient (Hommel, Mahr, Reinecker). Hierbei werden Meßkraftregler der verschiedensten Bauarten benutzt.

Zahnräder. Eine weitere Möglichkeit einer mechanischen Übersetzung des Meßwertes stellt das Zahnradgetriebe dar, wie es in der Meßuhr Anwendung findet. An ein solches Räderwerk werden hohe Anforderungen bezüglich der Genauigkeit des Abwälzens gestellt, die Rädchen sind kaum größer als die einer Taschenuhr. Es hat lange gedauert, bis brauchbare und vor allem haltbare Meßuhren in den Handel kamen. Die Anforderungen in bezug auf Teilungs-, Evolventenfehler und Unrundheit sind höher als bei einer guten Taschenuhr. Das unvermeidliche Spiel zwischen den Zahnflanken wird durch Federn unschädlich gemacht. Die Meßuhr hat genormte Anschlußmaße und kann mit Vorteil in Sonderlehren eingebaut werden; sie erhält auf Wunsch einstellbare Toleranzmarken und stellt dann eine Festmaß-Lehre dar. Ihre leichte und einfache Einstellmöglichkeit nach einem Urstück (Gegenlehre), durch Verdrehen der Teilung, ist zweifellos ein Vorteil, es besteht jedoch die Gefahr einer unbeabsichtigten oder absichtlichen Verstellung beim Werkstattgebrauch. Besonders zweckmäßig sind Meßuhren, die (bei gleichsinniger Bewegung des Tastbolzens) eine gleichbleibende Meßkraft über den ganzen Meßbereich aufweisen (Mahr).

Die Meßuhr wird in der verschiedensten Weise bei handelsüblichen Meßgeräten angewandt: Meßuhrständer, Schlagprüfer, Rachenlehren, Innenmeßgeräte, Fräserprüfgeräte usw. Zahnradgetriebe in Verbindung mit Hebelübersetzungen enthalten auch der Orthotest, das Passameter (für Wellen) und das Passimeter (für Bohrungen) von Zeiss.

Über die Zweckmäßigkeit der Verwendung von Meßuhren in Sonderlehren bestehen verschiedene Ansichten. Der Verfasser vertritt die Meinung, daß bei ausgesprochener Massenfertigung und kurzer Meßzeit eine Zeiger- (Hebel-) Konstruktion mit nur zwei Toleranzmarken zuverlässiger ist und den Messenden weniger ermüdet, als der ständig herumschnurrende Zeiger; andererseits sind bei Massenprüfungen mit Erfolg Meßuhren eingesetzt worden, bei denen das Toleranzfeld farbig oder durch entsprechend ausgeschnittene Zelluloidscheiben dargestellt war. Solche

[1] Auf dem Normblatt DIN 863 ist die zulässige Aufbiegung des Bügels für die Meßkraft 1 kg festgelegt.

Fragen lassen sich kaum grundsätzlich beantworten. Es muß jedoch unbedingt davon abgeraten werden, irgendwelche Zahnräderübersetzungen für Sonderlehren besonders zu entwerfen. Die Fertigung solcher Getriebe erfordert Sonderwerkstätten und Sondererfahrung und wird bei Einzelfertigung ganz gewiß nicht das gewünschte Ergebnis bringen, sowohl in bezug auf die erstrebte Genauigkeit, als auch in preislicher Hinsicht.

Feder. Eine sehr interessante und vorteilhafte Bauart stellt der „Mikrokator" der schwedischen Firma Johansson dar. Eine dünne Blattfeder ist schraubenförmig verwunden, wie Abb. 38 schematisch zeigt. Sie wird bei der Messung in der Pfeilrichtung auseinandergezogen und hat dabei das Bestreben, sich gerade zu strecken; ein in der Mitte befestigter Zeiger zeigt in sehr starker Vergrößerung das Meßergebnis an. Da bei dieser Feder nur die innere Reibung im Werkstoff wirkt, ist die Umkehrspanne sehr klein. Beim Strecken wird die mittlere Faser des Bandes am stärksten beansprucht. Deshalb sind in der Mitte des Bandes Langlöcher ausgestanzt. Dadurch werden Werkstoffbeanspruchung und Meßkraftschwankung wesentlich herabgesetzt.

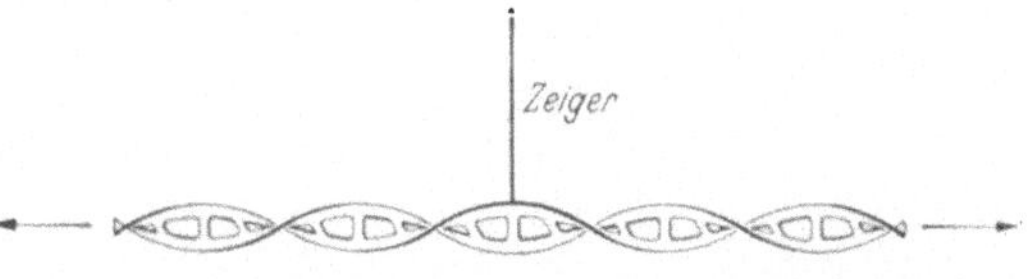

Abb. 38. Gewundene Blattfeder als Übersetzungsmittel.

Wasserwaage. Als mechanische Übersetzung ist auch die Wasserwaage anzusprechen, bei der einer geringen Neigung der Auflagefläche ein mehr oder weniger großer Blasenweg entspricht. Sie findet Verwendung an der Reißplatte, zum Ausrichten von Maschinen, in Verbindung mit anderen Hilfsmitteln (Schmiege) usw. Die Empfindlichkeiten sind in DIN 877 genormt. Die Wasserwaage kann geeicht und als Istmaß-Lehre benutzt werden.

Druckluft[1]. Führt man einer Luftkammer *a* (Abb. 39) durch eine Luftleitung *b* und eine Düse *c* einen Luftstrom mit gleichbleibendem Druck zu, so ist der Luftdruck in der Kammer dem Austrittsquerschnitt an der Stelle *d* annähernd verhältnisgleich. Schließt man also an die Kammer eine Meßleitung *e* mit einem empfindlichen Druckmesser (Wassersäule oder Bourdonfeder) an, so kann bei zweckmäßiger Gestaltung eine hohe Übersetzung erzielt und der Druckmesser in μ geeicht werden.

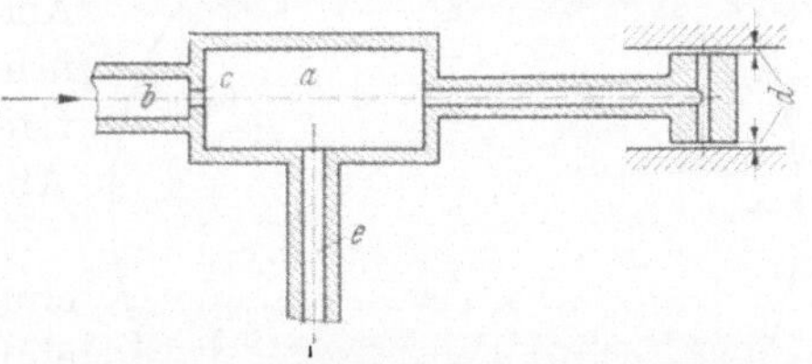

Abb. 39. Messung mit Druckluft, schematisch.

Das Verfahren wird in der mannigfaltigsten Weise angewendet, im

[1] Siehe Schrifttum Nr. 55.

Beispiel der Abb. 39 besonders zum Prüfen kleiner Bohrungen, bei Anordnung der Austrittsdüsen in einem Ring zum Prüfen von Wellendurchmessern, mit Quecksilberdruckmesser und elektrischen Kontakten zum Abstellen von Rundschleifmaschinen bei Erreichung eines bestimmten Durchmessermaßes, schließlich unter Zwischenschaltung von Endmaßen zum schnellen Prüfen von Rachenlehren, wobei jedoch nicht das Arbeitsmaß, sondern das Eigenmaß der Rachenlehre bestimmt wird.

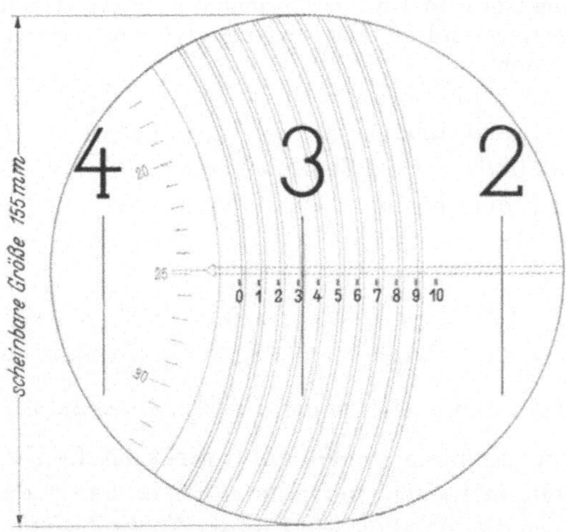

Abb. 40. Sehfeld des Ablesemikroskopes am UMM. Einstellung : 3,3248 mm.

Es leuchtet ein, daß das Meßergebnis von der Oberflächengüte des Werkstückes beeinflußt wird. Schwankt diese sehr, so kann ein Tastbolzen zwischengeschaltet werden; dadurch geht aber der große Vorzug des Verfahrens, der darin besteht, daß eine Abnutzung kaum in Erscheinung tritt, zum Teil wieder verloren. Andererseits hat Nicolau das Verfahren zur Bestimmung der Oberflächenrauhigkeit benutzt, wobei der Abstand d gleich bleiben muß.

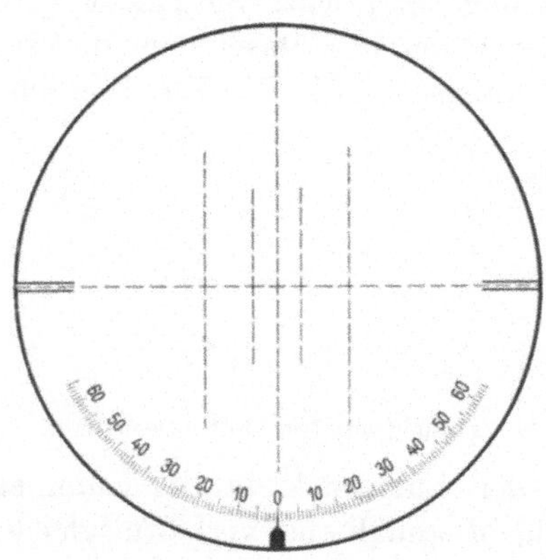

Abb. 41. Universalstrichplatte.

Im Hinblick auf die Formabweichung ermöglicht das Verfahren die einfache und schnelle Prüfung des Ausschußmaßes an jeder Stelle.

Lupe und Mikroskop. An optischen Hilfsmitteln werden zur Erzielung einer Übersetzung die Lupe und das Mikroskop in Verbindung mit Glasstrichplatten sowie für große Werkstücke (Lokomotivrahmen) das Fernrohr mit Kollimator benutzt.

Das Werkstatt-Meßmikroskop als eine Verbindung zwischen Optik und Mechanik wurde bereits erwähnt. Genauere Messungen ermöglicht das Zeiss'sche Universal-Meßmikroskop (UMM). Hierbei dient das Gewinde nur zum Verschieben der beiden rechtwinklig zueinander angeordneten Schlitten, während die Ablesung der Schlittenstellung mit Glasmaßstäben und Mikroskopen erfolgt.

Lehrreich ist hierbei die Verwendung einer auf eine drehbare Glasstrichplatte aufgebrachten Doppelspirale. Zwischen den beiden Spiralstrichen läßt sich mit großer Genauigkeit ein Strich der Millimeterteilung eingrenzen; die Ablesung der Hundertstel und Tausendstel erfolgt auf einer Kreisteilung der Spiralplatte (Abb. 40).

Das UMM wird neben vielen anderen Anwendungsgebieten in Lehrenwerkstätten für die genaue Messung von Gewinde benutzt. An die Gewindeflanken werden besondere Meßschneiden angeschoben die parallel zur Schneide in bestimmtem Abstand einen feinen Riß tragen. Dieser Riß wird mit einer im Mikroskop befindlichen drehbaren Universalstrichplatte (Abb. 41) anvisiert; auf diese Weise kann der Flankendurchmesser ermittelt werden. Hierbei ist der tat-

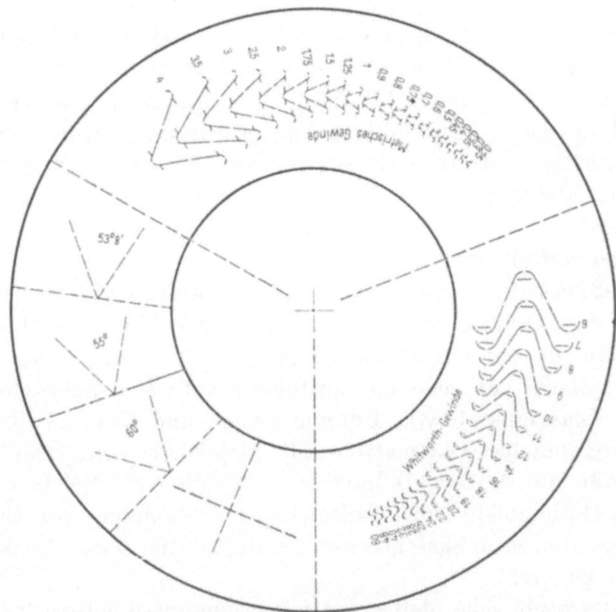

Abb. 42. Revolverstrichplatte.

sächliche Abstand Schneidenkante — Riß zu beachten (Abnutzung!) und das Meßergebnis gegebenenfalls zu berichtigen. Zur Prüfung des Gewindeprofils dient eine Revolverstrichplatte (Abb. 42), welche die verschiedenen Gewindeprofile enthält. Universalstrichplatte und Revolverstrichplatte finden sich auch am Werkstattmikroskop.

Beim UMM wird die mögliche Summe aller Fehler bei Benutzung des Prüfungsprotokolls für die Maßstäbe und Wiederholung der Messungen mit Mittelbildung wie folgt angegeben:

Längenmessungen mit Plantisch
$$\begin{cases} \text{Längs:} \ \pm\left(2{,}5 + \dfrac{L}{25} + \dfrac{H\cdot L}{2670}\right)\mu \\ \text{Quer:} \ \pm\left(2{,}5 + \dfrac{L}{48} + \dfrac{H\cdot L}{2000}\right)\mu \end{cases}$$

Flankendurchmesser (metr. Gewinde):
$$\pm\left(4{,}5 + \frac{L}{67}\right)\mu$$

(L = Meßlänge in mm, H = Objekthöhe in mm.)

Beim großen Werkzeugmikroskop sind die Fehler rund doppelt so groß[1].

Der Profilmeßstand von Leitz hat einen Meßbereich von 1000 × 200 mm. Die Ablesung der Glasmaßstäbe auf 1 μ geschieht mit einem Feinmeßokular: Zwei genau gleiche Glaskeile sind so untereinander angeordnet, daß sich zwischen ihnen ein paralleler Luftspalt befindet. Das durch die Keile beobachtete Bild der Millimeterteilung wird innerhalb des Luftspaltes um einen bestimmten Betrag abgelenkt. Durch Verschieben der Keile wird die Größe des parallelen Luftspaltes und damit auch die Ablenkung des Bildes so lange verändert, bis ein Maßstabstrich genau zwischen zwei Doppelstrichen einer Zehntelmillimeter-Doppelstrichteilung erscheint. Die Verschiebung der Keile wird an einer Teilung abgelesen, die 1 μ angibt und $^1/_{10}\,\mu$ zu schätzen gestattet. Die Meßunsicherheit wird bei einer Meßlänge von 200 mm mit $\pm$ 6 μ, bei einer Meßlänge von 1000 mm mit $\pm$ 10 μ angegeben.

Beim Optimeter, als Waagerecht- oder Senkrecht-Optimeter ausgeführt, wird durch die Bewegung des Meßbolzens ein Spiegel gekippt. Dieser Spiegel reflektiert das Bild einer Skala in das Gesichtsfeld des Okulars eines Autokollimationsfernrohres. Eine feste Marke im Gesichtsfeld gestattet Ablesungen von 1 μ, beim Ultra-Optimeter wird der Lichtstrahl mehrfach zurückgeworfen und es können 0,2 μ abgelesen werden. Das Optimeter muß nach Endmaßen oder Gegenlehren auf Null eingestellt werden.

Die Meßmaschine von Zeiss ermöglicht Absolutmessungen bis zu 6 m mit Ablesung auf 1 μ. Für die Ablesung der Hundertstel und Tausendstel mm ist ein Optimeter eingebaut, das gleichzeitig als Meßkraftregler dient; zur genauen Einstellung auf ganze Zehntelmillimeter dient ein Glasmaßstab von 100 mm Länge und je im Abstande von 100 mm angebrachte Glasplatten mit Doppelstrichen. Ein optisches System läßt die Maßstabteilung und jeweils ein Strichpaar gleichzeitig im Gesichtsfeld eines Mikroskopes erscheinen; zur Einstellung wird der gewünschte Skalenstrich genau in die Mitte zwischen das Strichpaar gebracht.

Als weitere optische Meßgeräte seien genannt die Brinell-Lupe zum Messen des Eindruckdurchmessers bei Brinell-Härteprüfungen und das Meßmikroskop mit Okularskala.

Ebenfalls mit mikroskopischer Ablesung und Glas-Strichplatten ist der optische Teilkopf versehen, der sowohl zur Fertigung sehr genauer Werkstücke, als auch für die Fertigung und Prüfung von Betriebsmitteln gebraucht wird.

Ferner verdient in diesem Zusammenhang der optische Winkelmesser erwähnt zu werden, der infolge der Verschiebbarkeit des einen Schenkels für alle möglichen Winkelmessungen verwendbar ist.

Lichtstrahl. Beim „Mikrolux" der Fa. Fritz Werner bildet wie beim Optimeter ein Lichtstrahl den langen Arm eines Übersetzungshebels. Durch eine Hebelanordnung wird ein Spiegel gedreht, der einen

[1] Die Formeln sind vollständig in der Zeiss-Druckschrift Fe 200/II enthalten.

Lichtstrich auf eine zylindrisch gebogene Mattscheibe wirft. Die Einstellung muß mit einem Einstellstück erfolgen, oder mit zwei Einstellstücken, wenn eine Grenzmessung vorgenommen werden soll. Eine Istmaß-Ablesung ist nicht vorgesehen, die Mattscheibe trägt verschiebbare Marken für die Grenzwerte.

Projektion. Eine weitere Verwendung der Optik ist die Projektion. Formstücke werden in bestimmter Vergrößerung (bis 1:150) auf einen Schirm oder eine Mattscheibe projiziert und können auf diese Weise mit einem Aufriß in vergrößertem Maßstab verglichen werden. Es ist möglich, diesen Riß als Toleranzfeld auszubilden und so eine Form-Grenzprüfung vorzunehmen (vgl. Abb. 76).

Bei genauesten Messungen wird die Interferenz der Lichtwellen benutzt, das Verfahren kann hier unbesprochen bleiben, weil es ausschließlich in Meßlaboratorien benutzt wird.

Elektrizität. Bei den elektrischen Meßverfahren ist das Kontaktverfahren, die induktive und die kapazitive Messung zu unterscheiden, die letztere ist in Deutschland kaum bekannt.

Beim Elektrocompar von Keilpart schließt ein durch den Tastbolzen bewegter Übersetzungshebel an verstellbaren Kontaktstücken einen Strom, der verschiedene Lampen aufleuchten läßt, je nachdem, ob das Werkstück zu dünn, gut oder zu dick ist. Um den Kontaktfunken unschädlich zu machen, wird ein zerhackter Gleichstrom angewendet. Das Gerät ist also eine verstellbare Festmaßlehre. Der Strom kann zur Steuerung einer Sortiereinrichtung benutzt werden und in Verbindung mit einer selbsttätigen Werkstückzuführung ist daraus ein selbsttätiges Prüf- und Sortiergerät entwickelt worden.

Beim Elotest der Firma Zeiss, der eine Istmaßlehre darstellt, wird durch den Tastbolzen kraftschlüssig ein Übersetzungshebel bewegt. Dieser besitzt an seinem langen Arm einen Kontaktstift und durch Stromschluß und Stromöffnung wird über ein Relais ein Elektromotor in entsprechender Richtung in Tätigkeit gesetzt, der über ein Vorgelege einerseits den Meßzeiger dreht, andererseits den zweiten Kontaktstift mittels einer Schraube solange verschiebt, bis der Stromkreis wieder geöffnet oder geschlossen wird. Bei stillstehendem Tastbolzen pendelt der Motor ständig um geringe Beträge hin und her. Mit dem Gerät kann ein Kraftschreiber verbunden werden, der das Meßergebnis stark ververgrößert aufzeichnet, es kann ferner zum Abschalten von Werkzeugmaschinen, zur Auslösung von Warnzeichen und zur Steuerung von Sortiervorgängen verwendet werden. Die Ablesung beträgt 1 μ, der Meßbereich umfaßt 70 μ.

Die induktiven Meßgeräte (Eltaslehre und Mahr-Siemensgerät) beruhen auf folgendem: Durch den Tastbolzen wird ein Anker bewegt, der zwischen zwei Spulen angeordnet ist. Die Spulen liegen in einer

Wheatstoneschen Brücke, die mit Wechselstrom gespeist wird. Durch eine Verschiebung des Ankers zwischen den Spulen wird das Gleichgewicht der Brücke gestört und das Nullgerät der Brückenschaltung schlägt aus und zeigt die Abweichung an. Es kann auf μ oder Bruchteile von μ geeicht werden. Auch mit diesen Geräten können die oben angedeuteten Sortier-, Anzeige- und Steuereinrichtungen verbunden werden. Das Verfahren wird ferner bei selbsttätigen Kopiermaschinen zur Steuerung der Maschine nach einem Musterstück mit Vorteil benutzt.

Bei einem luft-elektrischen Meßverfahren wird der Durchmesser kleiner Bohrungen mit einem hindurchgeschickten schwachen, möglichst gleichstark bleibenden Luftstrom gemessen. Dieser Luftstrom kühlt eine elektrisch geheizte Platinwendel und die Widerstandsänderung infolge dieser Abkühlung, die zur durchgelassenen Luftmenge in einem bestimmten Verhältnis steht, wird mit einer Wheatstoneschen Brücke gemessen oder Schwankungen in der Nulleitung zum Steuern von Weichen benutzt. Die Meßunsicherheit beträgt nicht mehr als 10 μ. Das Verfahren ist in letzter Zeit verfeinert und zum Steuern von Werkzeugmaschinen benutzt worden[1].

Bei einem licht-elektrischen Verfahren wird von einer Lichtquelle ein Strahlenbündel durch ein Linsen- und Prismensystem und durch die zu prüfende Bohrung auf eine Photozelle geleitet. Ein zweites, das Vergleichsstrahlenbündel gelangt ebenfalls über Linsen und Prismen auf die Photozelle. Dieser Vergleichsstrahl wird durch einen Graukeil so eingestellt, daß an der Photozelle eine Lichtmenge wirksam wird, die dem mittleren zulässigen Durchmesser der Werkstückbohrung entspricht. In beide Strahlengänge ist eine Lochblende so eingeschaltet, daß abwechselnd Meßstrahl und Vergleichsstrahl auf die Photozelle fallen. Die Strahlen werden also zerhackt und wenn beide Lichtmengen nicht gleich sind, entsteht in der licht-elektrischen Zelle ein Wechselstrom, der mittels Röhren verstärkt und zur Anzeige oder zum Steuern von Weichen benutzt werden kann.

Abb. 43. Vergleichsmessung, gleichartige Körper.

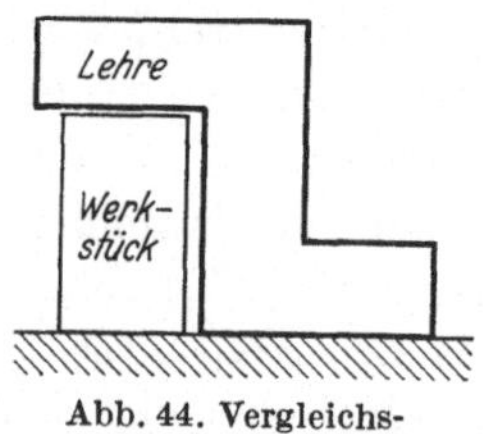

Abb. 44. Vergleichsmessung, Gegenkörper.

c) Vergleichsmessung ohne Übersetzung. Wenn hier von einer Vergleichsmessung zum Unterschied von der Strichmessung gesprochen wird, so soll damit in erster Linie die Körper—Körper-Messung gemeint sein.

Verfahren. Die Messung der Länge eines Werkstückes, wie es Abb. 43 zeigt, kann zunächst in der Weise geschehen, daß es auf eine ebene Platte neben einem Musterstück von genau bestimmter Länge aufgestellt wird. Beim Vergleichen der beiden nebeneinander stehenden Teile in bezug auf die Höhe ergibt sich, ob das Werkstück höher (= länger) oder niedriger ist als die Lehre.

Eine andere Möglichkeit besteht darin, eine galgenartige Lehre auf eine Platte zu stellen und zu prüfen, ob das Werkstück unter dem Galgen hindurchgeht oder nicht, d. h. ob es kleiner oder größer ist als das

[1] Schrifttum Nr. 44.

Maß der Lehre (Abb. 44). Man kann noch einen Schritt weitergehen und die Länge mit einer Rachenlehre prüfen, deren Weite der Höhe des Galgens entspricht, wie dies allgemein bekannt ist.

Der Unterschied besteht darin, daß bei dem ersten beschriebenen Verfahren gleichartige Körper verglichen werden, denn in Abb. 43 hat die Lehre im wesentlichen, d. h. in der zu messenden Länge, dieselbe Gestalt wie das Werkstück; im zweiten und dritten Fall dagegen stellt die Lehre den Gegenkörper dar.

Beide Verfahren werden in der Praxis in vielfach abgewandelter Gestalt benutzt.

Es scheint auf den ersten Blick, als ob das erste Verfahren, der Vergleich gleichartiger Körper, ungenauer sei als das zweite; besonders bei der Rachenlehre leuchtet es ein, daß sie beim Gebrauch sehr empfindlich anzeigt, ob das Stück länger oder kürzer ist als ihr Maß: sie geht nicht hinüber, oder sie geht hinüber.

Stehen die beiden Stücke in Abb. 43 dicht beieinander und haben sie scharfe Kanten, so lassen sich durch Abtasten Höhenunterschiede von der Größenordnung 0,01 mm noch feststellen. Der Tastsinn in den Fingerspitzen, in denen viele Nerven endigen, ist in hervorragendem Maße hierfür geeignet. Sind die Endflächen beider Stücke poliert, so lassen sich an der Spiegelung kleine Höhenunterschiede ebenfalls recht genau erkennen. Das feinfühligste Hilfsmittel für derartige Messungen ist das Haarlineal, das eine nahezu messerscharfe, genau gerade Kante besitzt. Wird es über die beiden nebeneinander stehenden Stücke gelegt, so erkennt man von der Seite, welches der beiden Teile höher ist.

Die Feinfühligkeit des Haarlineals geht so weit, daß bei polierten Flächen mit bloßem Auge Unterschiede von 1 μ sehr gut erkannt werden können. Man kann sich davon überzeugen, wenn man zwei Endmaße, die sich um 1 μ unterscheiden, nebeneinander an eine genau ebene Platte ansprengt und den Höhenunterschied mit dem Haarlineal prüft. Hierbei wird der Lichtspalt unverhältnismäßig groß erscheinen. Diese Erscheinung hat ihre Ursachen in der Spiegelung des Lichtspaltes in der polierten Fläche, in der Lichtbeugung, die an der schmalen, engen Stelle auftritt, und in der physiologischen Eigenschaft des menschlichen Auges, helle Stellen auf dunklem Grunde größer erscheinen zu lassen, als dunkle Stellen auf hellem Grunde. Hiervon zeugen zahlreiche sog. optische Täuschungen. So erwünscht an sich diese Erhöhung der Meßsicherheit ist, so unangenehm kann sie sich bei Formlehren auswirken, bei denen geringste Abweichungen der Werkstückform von der Lehrenform deutlich in Erscheinung treten. Dies hat oft Fehlschätzungen über die Größe der Unterschiede zur Folge.

Die Messung nach Abb. 43 kann auch so ausgeführt werden, daß beide Stücke mit einer Meßuhr, einem Optimeter, Mikrolux oder ähnlichem Gerät abgetastet werden. Die Lehre dient dann als Einstellstück (Gegenlehre) für das Meßgerät (Lehre).

Für die zweite Art der Prüfung nach Abb. 44 gibt es gleichfalls verschiedene Möglichkeiten des Vorgehens. Man kann die Lehre von oben auf das Werkstück setzen und prüfen, ob sie mit ihrem Fuß auf der Platte aufsitzt (Lichtspalt). Man kann die Lehre festhalten und das Werkstück darunter zu führen versuchen, oder das Werkstück festhalten und die Lehre heranschieben und dabei beobachten, ob sie anstößt oder sich anhebt (Tastsinn). Das letzte Verfahren dürfte im gewählten Beispiel das beste sein, weil die Lehre die größte Auflagefläche hat und infolgedessen beim Verschieben am wenigsten zum Kippen neigt. Die Lichtspaltprüfung erscheint wegen der großen Auflagefläche unangebracht, weil das Auge genau in die Ebene des Lichtspaltes gebracht werden muß, um diesen überhaupt erkennen zu können; das ist bei „tiefen" Flächen

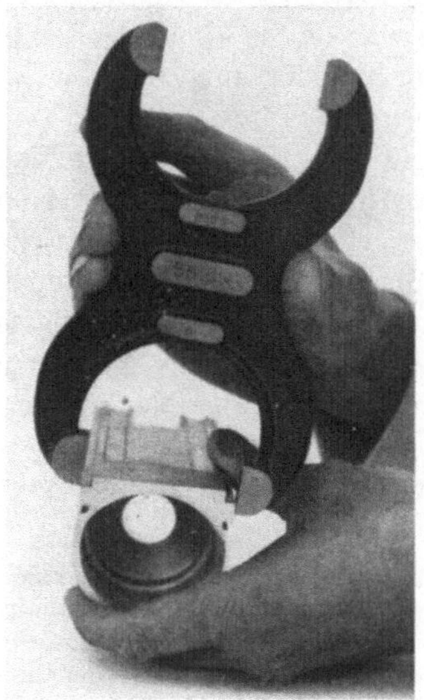

Abb. 45. Verkantung in der Lehrenebene.

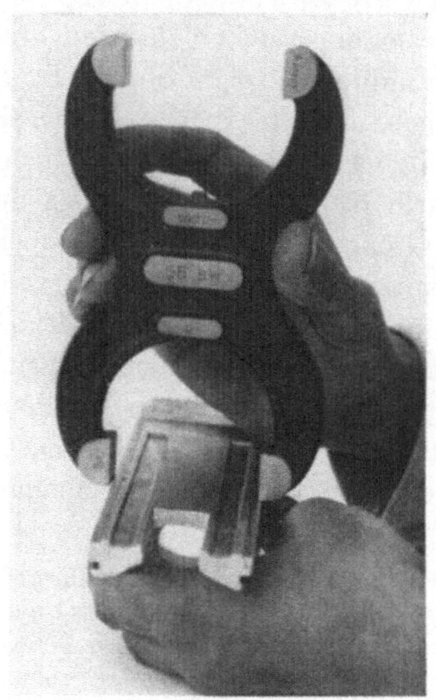

Abb. 46. Verkantung senkrecht zur Lehrenebene.

nicht ganz leicht, so daß der Lichtspalt leicht verfehlt wird, und eine Fehlmessung die Folge ist. Der Vorteil des Haarlineals ist im Gegensatz dazu die geringe Tiefenausdehnung, die den Lichtschimmer auch bei nicht genauer Einstellung des Auges zu erkennen gestattet.

Ist bei der Vergleichsmessung nach Abb. 44 die Lehre erheblich schwerer als das Werkstück, so ist es vorzuziehen, das Werkstück nach der Lehre hin zu verschieben, um das Meßgefühl zu vergrößern.

Beim Messen mit einer starren Rachenlehre kommt es darauf an, daß beim Ansetzen die Meßflächen parallel zu den zu messenden Flächen liegen, mit anderen Worten, daß die Lehre nicht verkantet wird. Bei geringer Übung und mangelnder Sorgfalt kann dadurch leicht der Eindruck entstehen, als sei das Werkstück größer als die Lehre. Diese

Verkantung kann sowohl in der Ebene der Lehre (Abb. 45), als auch senkrecht dazu auftreten (Abb. 46). Bei der Messung einer runden Welle kann das Verkanten nach Abb. 45 nicht vorkommen, weil der zu messende Durchmesser in jeder beliebigen Winkellage vorhanden ist. Um das Verkanten in der andern Richtung zu verhindern, geht man vielfach so vor, daß man zuerst die eine Meßfläche der Rachenlehre zur Anlage bringt und darauf achtet, daß nicht eine punktweise Berührung — an der vorderen oder hinteren Kante —, sondern eine Linienberührung über die ganze Meßfläche hinweg eintritt. Die Dickenausdehnung der Lehre an der Meßstelle wird also zum Aufrichten der Lehre benutzt. Sodann wird die zweite Meßfläche über die Welle geschwenkt, wobei die erste auf dem Umfang abrollt (Abb. 47).

Parallel-Endmaße. Die Grundlage für technische Längenmessungen in der Werkstatt stellen die Parallel-Endmaße dar. In der Werkstatt für Mengen- oder Massenfertigung werden sie allerdings nur zum Einstellen von Maschinen benutzt, um so mehr aber in der zugehörigen Werkstatt für Vorrichtungen, Werkzeuge und Lehren. Sie stellen Rechtkante vom Querschnitt 9×30, über 10 mm Länge 9×35 mm dar, deren Endflächen feinstgeläppt, in hohem Grade eben und mit großer Genauigkeit auf ein bestimmtes Längenmaß gearbeitet sind. Sie werden in Sätzen, die innerhalb gewisser Grenzen jede beliebige Zusammenstellung gestatten, und in Längen bis zu 7 m in verschiedenen Genauigkeitsgraden geliefert. Die Herstellungstoleranz beträgt beispielsweise unter 10 mm in Klasse I $\pm 0{,}2\,\mu$, in Klasse II $\pm 0{,}5\,\mu$, in Klasse III $\pm 1{,}2\,\mu$[1]. Mehrere Firmen liefern genauere Endmaßsätze.

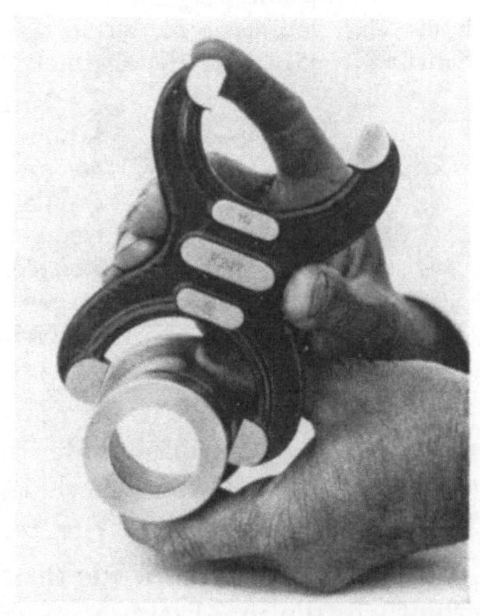

Abb. 47. Messen einer Welle mit Rachenlehre.

In größeren Werkstätten wird meist ein Urmaßsatz besonders sorgfältig aufbewahrt, der nur zum Vergleich mit den vorhandenen Arbeits- und Prüfmaßsätzen dient und von der Physikalisch-Technischen Reichsanstalt geprüft ist. Die Arbeitsmaße werden in der Werkstatt, die Prüfmaße in der Revision benutzt. Mitunter werden zwischen Prüfmaße und Urmaße zu deren Schonung noch Vergleichsmaße eingegliedert.

[1] Das Normblatt DIN 861, dem diese Angaben entnommen sind, wird demnächst geändert.

Endmaße werden aus hochgekohltem, legiertem Sonderstahl gefertigt und gehärtet. Bei der Auswahl des Werkstoffes kommt es vor allem auf Verzugsfreiheit und Maßbeständigkeit an. Die hierfür benutzten Legierungen, sowie die Verfahren zum Härten, Entspannen und künstlichen Altern wie auch die Läppverfahren, sind das Ergebnis jahrzehntelanger Erfahrungen und vielfach Geheimnisse der herstellenden Firmen.

In Verbindung mit Zusatzgeräten: Endmaßhaltern, Anreißspitzen, Zentrierspitzen, Halbrundschnäbeln, geraden Meßschnäbeln, Toleranzmeßschnäbeln, Messerschnäbeln u. dgl. und sonstigen Hilfsmitteln, Winkeln, Linealen, Platten, Dornen, Meßdrähten usw. ist das Anwendungsgebiet der Endmaße außerordentlich vielseitig.

Die Anwendungsmöglichkeiten sind so vielseitig und lehrreich, daß ihr Studium wohl als die Grundlage für die Beherrschung des Meßwesens angesehen werden kann und die Beschäftigung hiermit auch dem Gerätkonstrukteur angeraten werden muß. Man vergleiche hierzu die wenigen, aber nützlichen Beispiele in der AWF-Schrift Nr. 951, „Parallel-Endmaße".

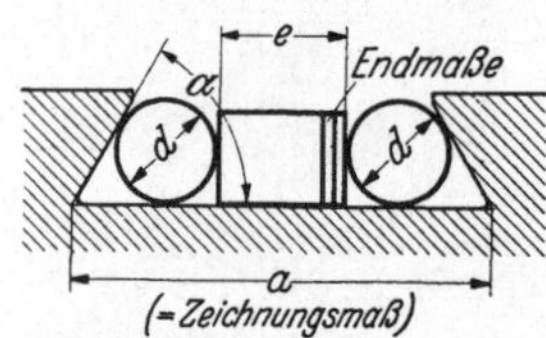

Abb. 48. Messung einer Schwalbenschwanznut mit Meßdrähten und Endmaßen.

Meßscheiben, -drähte und -kugeln, zusammen mit Endmaßen, werden für Längenmessungen an schiefwinkligen Teilen und für Winkelmessungen der verschiedensten Art im Werkzeug-, Vorrichtungs- und Lehrenbau sehr viel benutzt. Ein einfaches Beispiel zeigt Abb. 48. Zur Ermittlung von e aus d (in gewissen Grenzen beliebig), α und a ist eine einfache trigonometrische Rechnung erforderlich. Hierbei muß das Istmaß des Winkels α eingesetzt werden.

Zu den Endmaßen im weiteren Sinne rechnet auch der sog. „Spion" oder die Fühlerlehre. Sie besteht aus mehreren dünnen Stahlplättchen von verschiedener Dicke und dient zum Prüfen der Breite von Schlitzen und Spalten. Sie besitzt keine große Genauigkeit.

In ähnlichen Sätzen, wie für Längenmaße, sind auch Winkelendmaße erhältlich, die in Abstufungen von 1′ jeden beliebigen Winkel zwischen 10° und 350° zusammenzustellen gestatten. Man findet sie jedoch verhältnismäßig selten, da sie kurze Meßflächen haben und ihr Anwendungsgebiet beschränkt ist. Zudem kann an ihrer Stelle meist ein Werkstatt-Meßmikroskop mit Strichplatte oder ein anderes optisches Meßgerät mit Vorteil verwendet werden.

Von den übrigen Vergleichsmeßgeräten sind Lineale, darunter das bereits besprochene Haarlineal, Winkel (auch solche mit einer Haarkante), ebene Platten, Parallelreißer, Zirkel und Taster (Außen- und Innentaster) zu nennen.

d) Vergleichsmessung mit Übersetzung. Ist mit der Vergleichsmessung zur Verdeutlichung eine Übersetzung verbunden, so geschieht dies stets in Verbindung mit einem der bereits besprochenen Festmaß- oder Istmaß-Meßgeräte: Meßuhr, Optimeter, Projektionsapparat, Mikrolux usw.

4. Besondere Meßverfahren.

a) Flachpassungen. Bei einer Rundpassung gehört zu einer zylindrischen Welle eine zylindrische Bohrung und zwischen beiden ist, je nach der Größe und Lage der gewählten Toleranzfelder, mehr oder weniger Spiel oder Übermaß. Überträgt man die Verhältnisse auf flache prismatische Stücke, so erhält man eine Flachpassung. Sie besteht aus einem Innenteil, entsprechend der Rundpassungswelle, und einem Außenteil, das der Paßbohrung entspricht. Beide Werkstücke enthalten ein Paar paralleler Flächen, die gleichfalls mehr oder weniger Spiel oder Übermaß zueinander zeigen. Als Beispiele seien Paßfedern, Flachführungen, Kulissensteine genannt.

Es steht nichts im Wege, Flachpassungen in der gleichen Weise zu tolerieren wie Rundpassungen; soweit wie möglich empfiehlt sich die Anwendung von Toleranzkurzzeichen. Es ist jedoch darauf zu achten, daß meist eine Flachpassung aus Fertigungsgründen eine größere Toleranz erfordert als eine Rundpassung.

Es ist möglich Flachpassungen in der gleichen Art wie Rundpassungen zu messen: mit Grenzrachenlehre und Grenzlehrdorn. Es ist aber wertvoll, sich darüber klar zu werden, was dabei erreicht wird, in ähnlicher Weise, wie dies bei den Rundpassungen auf S. 35 ff. betrachtet wurde.

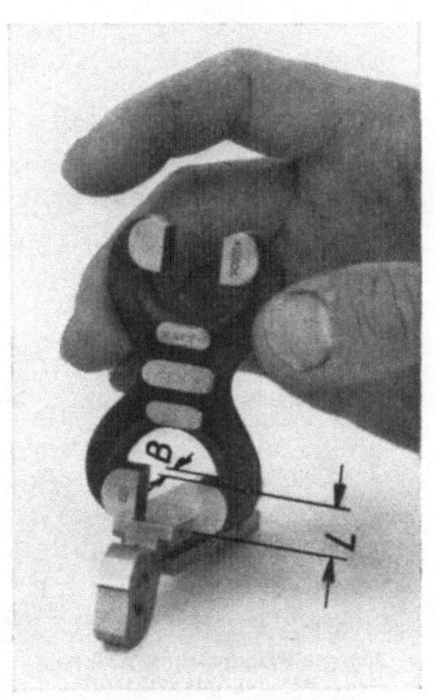

Abb. 49. Flachpassung, Innenteil. Messung mit Grenzrachenlehre.

Bei der Prüfung des I n n e n t e i l s e i n e r F l a c h p a s s u n g mit einer Grenzrachenlehre (Abb. 49) wird verlangt, daß die Gutseite sich an allen Stellen überführen läßt. Hierbei sind die Berührungsverhältnisse zwischen Werkstück und Lehre andere als bei der runden Welle. Die Schwierigkeit, die Rachenlehre in die richtige Lage zum Werkstück zu bringen, so daß sie sich überführen läßt ohne zu ecken, wurde bereits erörtert. Bei dieser Art Prüfung wird die Geradheit des Werkstückes nur auf eine Länge sichergestellt, die der Breite B der Meßflächen entspricht. Allenfalls kann noch die Lehre von vorn oder hinten über das Stück geführt und so die etwas größere Länge L der Meßflächen ausgenutzt werden. Will man unbedingt sicherstellen, daß das Stück mit einem entsprechend tolerierten Außenteil die gewünschte Passung ergibt, so muß man eine Sonderlehre nach Abb. 50 wählen. Ist das Außenteil kürzer als das Innenteil, so braucht die Lehre nur die Länge des Gegenstückes zu haben. Um das Einführen zu erleichtern, hat die Lehre nach vorn eine verlängerte Auflagefläche erhalten, auf die das Werkstück zuerst aufgelegt und dann zwischen den Meßbacken durchgeschoben wird.

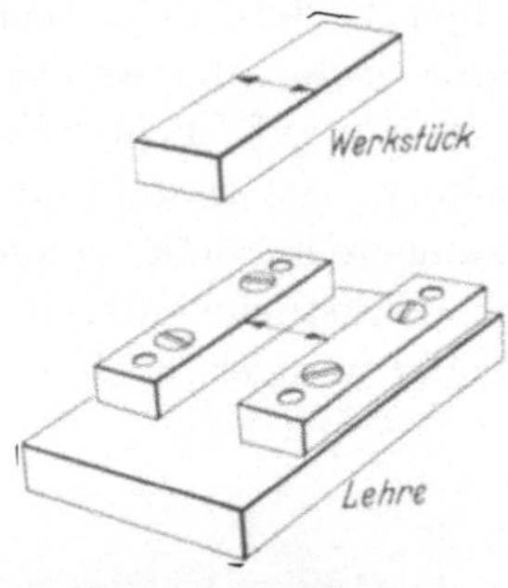

Zur weiteren Erleichterung des Einführens können die Meßbacken angeschrägt werden; besser ist es, auf die Auflagefläche seitlich Führungsklötze aufzuschrauben, die etwas weiter auseinanderstehen als die Meßklötze, oder eine der Leisten zu verlängern.

Die Ausschußprüfung geschieht zweckmäßig mit einer gewöhnlichen Ausschußrachenlehre, die man an mehreren Stellen überzuführen versucht.

Abb. 50. Flachpassung, Innenteil. Messung mit Voll-Lehre.

Man erkennt hier wiederum den gleichen Grundsatz: Gutlehre volle Form, entsprechend dem Gegenstück; Ausschußlehre kleine Meßfläche.

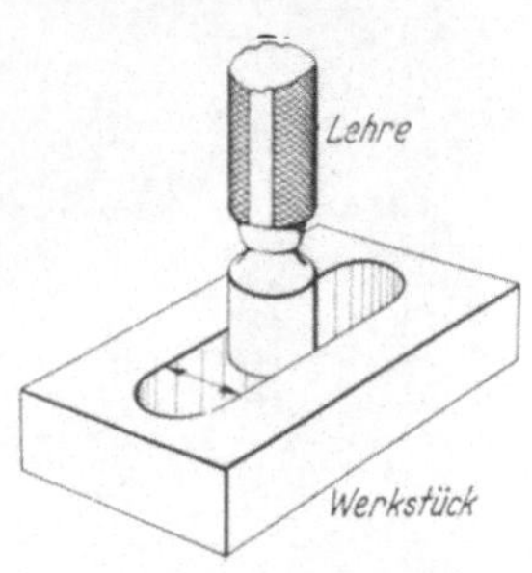

Abb. 51. Flachpassung, Außenteil. Messung mit Lehrdorn.

Ob im einzelnen Fall für die Gutseite eine Voll-Lehre nötig ist, muß jeweils nach der Wichtigkeit der Passung und dem Wunsch nach der mehr oder weniger vollkommenen Austauschbarkeit entschieden werden. Da es nur um die Geradheit der Flächen geht, ist der Zustand der benutzten Werkzeugmaschinen von ausschlaggebender Bedeutung. Bei guten Maschinen und nicht zu kleinen Toleranzen wird man im allgemeinen mit einer Grenzrachenlehre auskommen.

Beim Außenteil (entsprechend der Bohrung) liegen die Verhältnisse ganz ähnlich. Prüft man mit einem Grenzlehrdorn (Abb. 51), so hat man auf der Gut- und Ausschußseite Linienberührung. Auf der Ausschußseite ist diese Kleinheit der Berührungsfläche erwünscht, auf der Gutseite ist sie in den meisten Fällen unzureichend. Doch ist die Ausschußprüfung mit einem Dorn sehr empfindlich gegen kleinste Unebenheiten (Rattermarken); es muß befürchtet werden, daß ein Werkstück wegen einer unbedeutenden, ganz kurzen Toleranzüberschreitung als Ausschuß erklärt wird, obwohl es in den wenigsten Fällen dann wirklich unbrauchbar sein wird. Deshalb wird meist die Gut- und Ausschußprüfung eines solchen Außenteils mit einer Flachlehre vorgenommen, wie in Abb. 52 dargestellt. Kommt

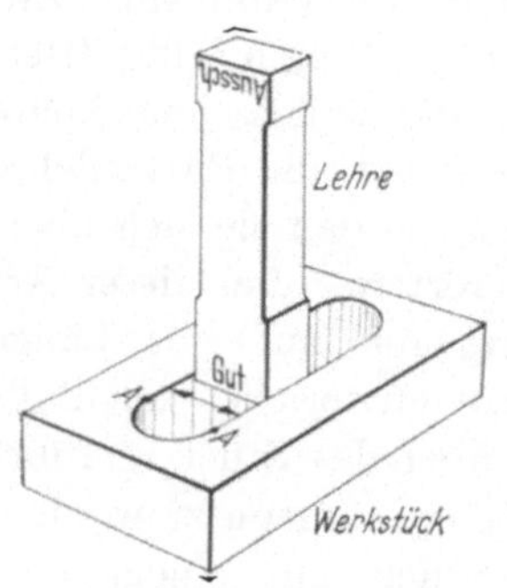

Abb. 52. Flachpassung, Außenteil. Messung mit Flachlehre.

es auf die Geradheit an, sind die Führungen der Werkzeugmaschine schlecht, ist das Kleinstspiel klein und wird die Austauschbarkeit unbedingt verlangt, so muß auch hier eine Voll-Lehre für die Gutseite vorgesehen werden, die die Länge des Gegenstückes bzw. die Paßlänge hat (Abb. 53).

Die Lehre Abb. 53 ist an den Enden angeschrägt, weil die Nachbildung der Werkstückrundung schwierig und nicht erforderlich ist. Andererseits soll das Festklemmen am Beginn der Rundung (bei A) vermieden werden. Eine entsprechende Formgebung würde sich auch für die Flachlehre in Abb. 52 empfehlen.

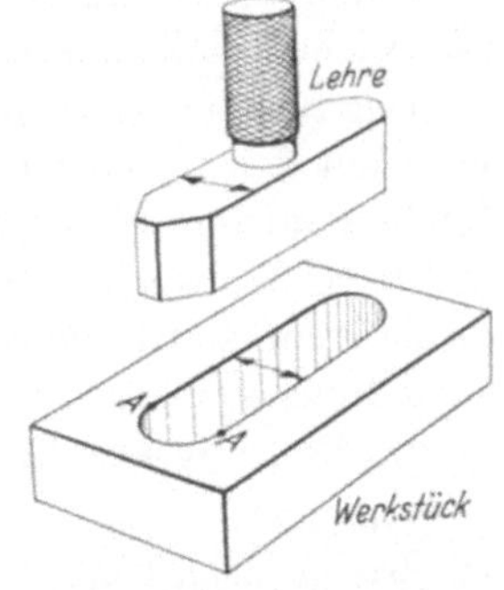

Abb. 53. Flachpassung, Außenteil Messung mit Voll-Lehre.

Geht man mit der Länge der Voll-Lehre über die Länge des Gegenstückes hinaus, macht man beispielsweise die Lehre für eine Kulisse erheblich länger als den Kulissenstein (Gegenstück), so erkennt man aus dem Vorhergehenden, daß man damit eine Geradheitprüfung ausführt. Hat die Passung an allen Stellen genau das Gutmaß, so muß sie genau gerade sein, damit die Gutlehre hineingeht. Liegt sie aber hart an der Ausschußgrenze, so zeigt Abb. 54, welche Abweichung von der Geradheit denkbar ist, nämlich eine solche, die genau der Größe der Toleranz T entspricht. Ist diese Abweichung im Einzelfall zu groß, so muß die Geradheit mit anderen Mitteln (Lineal, Fühlhebel od. ä.) nachgeprüft werden. Dann ist aber auch eine besondere zahlenmäßige Angabe in der Gerätzeichnung notwendig.

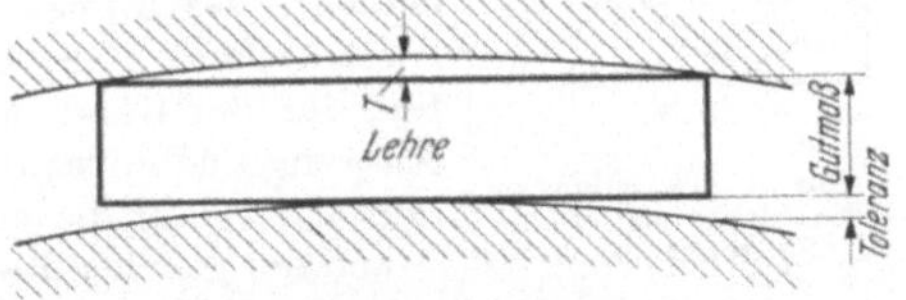

Abb. 54. Geradheit.

Abb. 55 stellt verschiedene Möglichkeiten dar, in welcher Weise die Toleranz ausgenutzt werden kann. Die Nut kann parallelwandig sein, sie kann aber auch links Kleinstmaß und rechts Größtmaß haben und umgekehrt und endlich kann sie beliebig uneben innerhalb des Toleranzfeldes verlaufen. In der Darstellung ist zur Vereinfachung die untere Fläche als genau eben angenommen und die außerdem mögliche Ungeradheit der Nut außer Betracht gelassen.

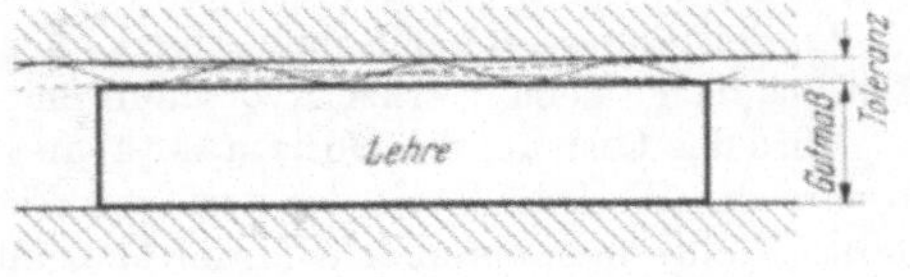

Abb. 55. Ausnutzung der Toleranz.

b) Tiefenmaße. Während bei einer Flachpassung am Stück und am Gegenstück je zwei entgegengesetzt gerichtete ebene Flächen vorliegen, sind die Flächen bei einer Tiefe, also einem treppenförmigen Absatz, der Tiefe einer Bohrung, dem Abstand zweier gleichartiger Wellenabsätze, gleichgerichtet.

Für die Messung einer Tiefe in ihrer verschiedenen Gestalt gibt es zahlreiche Möglichkeiten.

Ein Beispiel zeigt Abb. 56 für eine abgesetzte Bohrung. Die Lehre wird mit den durch die Aufschrift als solche gekennzeichneten Auflageflächen mitten auf den Rand des Werkstückes gesetzt und dann nach rechts (Gutseite) verschoben. Stößt hierbei die Kante der Lehre an der Stelle A an, so ist der Bohrungsabsatz zu klein. Sodann wird die Lehre nach links verschoben, dabei muß die Ausschußseite anstoßen, sonst ist der Bohrungsabsatz zu groß und die Toleranz überschritten.

Zweckmäßig wird an allen Festmaß-Lehren die Ausschußseite äußerlich erkennbar gezeichnet, nicht nur durch die Beschriftung der Lehre, sondern beispielsweise, wie in Abb. 56, durch eine an der Ausschußseite angebrachte Abschrägung B. Dadurch werden Irrtümer beim Messen vermieden, und der Messende stellt durch Fühlen sofort fest, welche Lage die Lehre in seiner Hand hat, ähnlich wie der Setzer an der „Signatur“ Art und Stellung der Type erkennt.

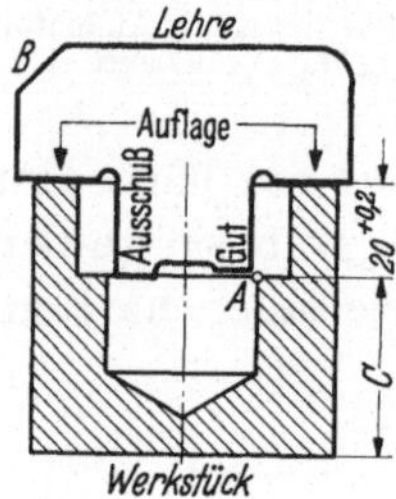

Abb. 56. Tiefenlehre, Flachlehre für einen Bohrungsabsatz.

Das Tiefenmaß erhält nach den Ausführungen auf S. 14 ff. ein positives Abmaß, z. B. $20^{+0,2}$, das Gutmaß ist 20, das Ausschußmaß 20,2. Das bedeutet nach dem oben Erwähnten, daß der Rand, auf den die Lehre aufgelegt wird, die Ausgangsfläche ist, d. h. zuerst gefertigt und von dort aus der Absatz auf die vorgeschriebene Tiefe ausgebohrt wird. Nach der gleichen Regel müßte geschrieben werden $20,2_{-0,2}$ wenn die untere Fläche Ausgangsfläche wäre, die dann folgerichtig auch die Auflagefläche für die Lehre werden müßte. Man erkennt hier die Bedeutung des vorgeschlagenen Tolerierungsverfahrens auf die Lehrenkonstruktion und sieht auch, wie in gewisser Weise durch die Art der Tolerierung das Fertigungsverfahren und die Reihenfolge der Arbeitsgänge festgelegt werden.

Wird das Teil auf der Drehbank gefertigt, so wird nach Abb. 56 zuerst die obere Stirnseite plangedreht und dann, von dort ausgehend, gebohrt und aufgebohrt.

Bei Fertigung auf der Revolverbank oder dem Automaten ist die obere Fläche Anschlagfläche beim Werkstoffvorschub und somit ebenfalls Ausgangsfläche.

Wird das Loch auf der Bohrmaschine gebohrt bzw. aufgebohrt oder gesenkt, so wird das Werkstück mit der unteren Fläche auf den Bohrmaschinentisch gestellt. Wollte man entsprechend der Maßeintragung fertigen, so müßte eine Vorrichtung entworfen werden, die das Teil gegen die obere Fläche spannt. Vorrichtungen, bei denen gegen die Spannung gearbeitet wird, werden nach Möglichkeit vermieden. Das Messen des Maßes C ist aber weitaus unbequemer als bei Maß $20^{+0,2}$ auszuführen.

Hier stehen Vorrichtung und Lehre gegeneinander. Eine gute Vorrichtung macht Maß C erforderlich, für eine gute Lehre wäre Maß $20^{+0,2}$ besser.

Ausschlaggebend für die Entscheidung ist in solchen Fällen die Brauchbarkeit und Austauschbarkeit. Wenn es darauf ankommt, müssen die Vor- und Nachteile, die in jedem Einzelfall anders gelagert sind, sorgfältig gegeneinander abgewogen werden (vgl. dazu S. 7—10).

Wenn zu befürchten ist, daß die gemessenen Flächen zueinander Stirnschlag haben, so muß die Messung mehrmals an verschiedenen Stellen wiederholt werden. Voraussetzungen für eine einwandfreie Messung sind, daß die beiden Auflageflächen an der Lehre in einer Ebene liegen, und daß sie breit genug sind, um ein Verkanten, d.h. Aufliegen nicht auf der ganzen Breite der Fläche, sondern auf einer Kante, gut erkennen zu lassen.

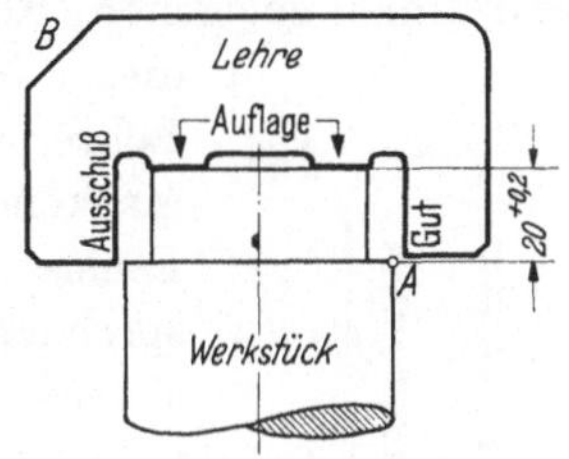

Abb. 57. Tiefenlehre, Flachlehre für einen Wellenabsatz.

Es empfiehlt sich, den Teil der Lehre, der in das Werkstück hineinragt, schmaler zu machen, als der Durchmesser der verengten Bohrung beträgt, so daß zuerst auf die gute Auflage auf dem oberen Rand geachtet werden kann, während der untere Teil das Werkstück noch nicht berührt.

Das gleiche Meßverfahren läßt sich sinngemäß auf einen Wellenabsatz anwenden, wie in Abb. 57 dargestellt.

Die Auflagefläche ist in der Mitte ausgespart, um die beim Abstechen leicht entstehende Unebenheit in der Mitte des Werkstückes, die in diesem Falle unschädlich sein möge, auszuschalten.

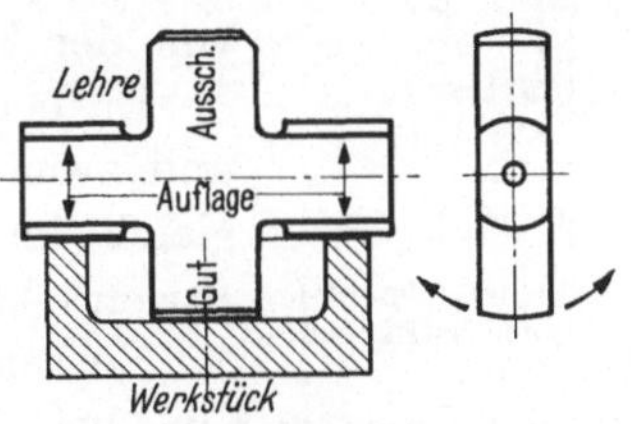

Abb. 58. Tiefenlehre, flache Schwenklehre.

Soll die Tiefe einer flachgesenkten Bohrung, wie in Abb. 58, gemessen werden, so ist das Verfahren nicht anwendbar, wenn die obere Fläche Ausgangsfläche sein soll. Abb. 58 stellt eine sog. Schwenklehre für diesen Zweck dar. Wie der Seitenriß zeigt, sind die Auflage- und Meßflächen Teile von Zylinderflächen. Die Lehre wird in den Richtungen der Pfeile um die Auflagefläche geschwenkt; hierbei darf die Gutseite nicht anstoßen und die Ausschußseite sich nicht durchschwenken lassen.

Die Lehre hat den Nachteil, daß die Flachsenkung nicht bis an den Rand abgetastet werden kann. Die Messung ist aber im übrigen empfindlicher und erfordert weniger Geschick und Meßgefühl, als die mit der Lehre nach Abb. 56. Das Verfahren läßt sich auch auf Wellenabsätze übertragen, doch wird es sich empfehlen, die Mantellinie der Welle als Anlage zu benutzen, vor allem, wenn die Auflage an der Ausgangsfläche klein ist (Abb. 59).

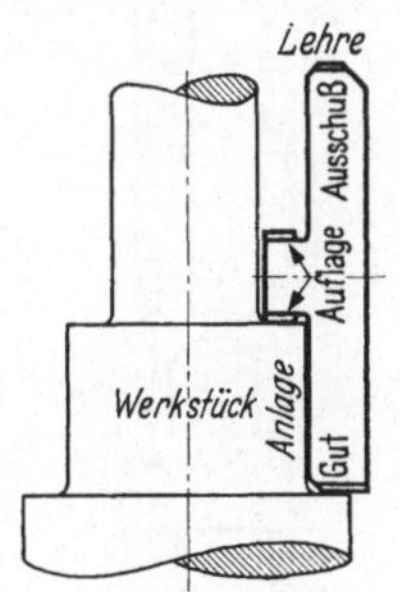

Abb. 59. Schwenklehre für Wellenabsatz.

Muß Wert darauf gelegt werden, daß die Flachsenkung bis zum Rand erfaßt wird, so eignet sich eine Lehre nach Abb. 60 oder 61. In beiden Fällen wird der Lehrenkörper auf den oberen Rand aufgesetzt und ein Stempel, dessen Durchmesser nur wenig kleiner ist als die Bohrung, legt sich federnd an die Flachsenkung an. Bei der Lehre nach

Abb. 60 besitzt der Tastbolzen oben eine ebene Fläche, die durch Fühlen, durch Augenschein oder mit Hilfe eines Haarlineals mit je einer rechts und links gelegenen Fläche verglichen wird; der Höhenunterschied dieser beiden Flächen ist gleich der Toleranz. Bei der Lehre nach Abb. 61 erfolgt die Ablesung an einem Markenstrich auf dem Tastbolzen, dem an einem Fenster im Lehrenkörper zwei Markenstriche entsprechend der Toleranz gegenüberstehen. Bei kleinen Toleranzen, bei denen die zwei Markenstriche zu eng nebeneinander stehen würden, erhält der Tastbolzen zwei in beliebigem Abstand aufgebrachte Marken, denen im Fenster je eine Marke entspricht. Ob die Lehre nach Abb. 60 oder 61 vorzuziehen ist, ist hauptsächlich von der Gewöhnung des Messenden abhängig und muß von der Erfahrung gelehrt werden.

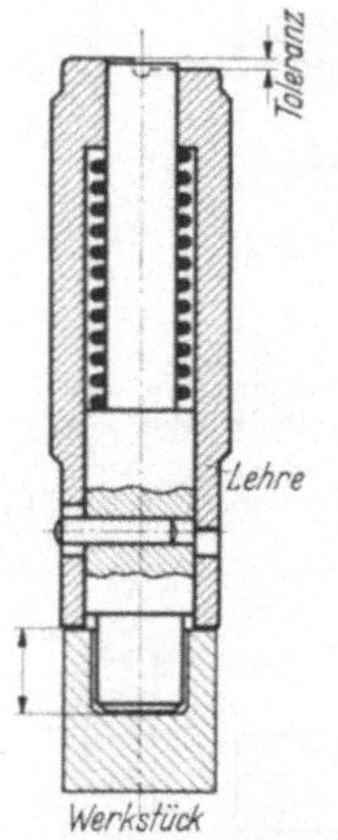

Abb. 60. Tiefenlehre mit Tastflächen.

In beiden Fällen liegt eine „Übertragung“ vor, und zwar im ersten auf einen Körper — Körper-Vergleich, im zweiten auf einen einfachen oder doppelten Strich — Strich-Vergleich.

Bei sehr kleinen Toleranzen ist eine etwas veränderte Bauart vorzuziehen, bei der der Tastbolzen auf ein Zeigerwerk (mit Übersetzung) mit Toleranzmarken oder auf eine Meßuhr, Mikrotast od. dgl. arbeitet.

Von den vielen möglichen Bauarten von Tiefenlehren wurden nur einige grundsätzliche gezeigt, die verschiedenen Abarten und Sonderkonstruktionen gehen nur den Fachmann an. Es bleibt noch zu überlegen, inwieweit die einzelnen Bauarten die Austauschbarkeit sicherstellen. Die Beantwortung dieser Frage hängt sehr von der Form des Gegenstückes ab.

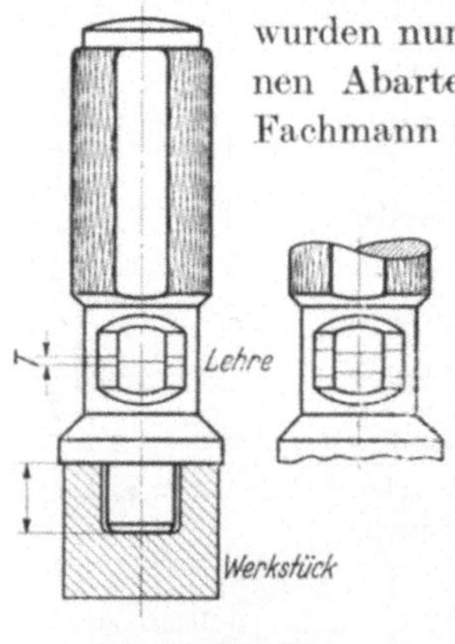

Abb. 61. Tiefenlehre mit Markenstrichen.

Die Tastlehre (Abb. 60) und die Markenstrichlehre (Abb. 61) sitzen an beiden Werkstückflächen mit ihren ganzen Flächen auf, oder, wenn die Flächen uneben sind (das ist ja in der Wirklichkeit immer der Fall), auf den höchsten Punkten. Bei den Blechlehren nach Abb. 56—59 wäre es denkbar, daß Unebenheiten der oberen und unteren Fläche am Werkstück sich so entsprechen, daß das Werkstück auf dem ganzen Umfang für gut befunden und dennoch nicht brauchbar (austauschbar) ist. Doch diese Annahme ist recht unwahrscheinlich.

Die Herstellungstoleranz der Tiefenlehren entspricht derjenigen der Grenzlehrdorne und -rachenlehren mit gleichem Nennmaß und gleicher

Werkstücktoleranz. Eine Abnutzung der Meßflächen ist bei den Lehren mit federndem Tastbolzen gar nicht zu erwarten, bei den Schwenklehren in sehr geringem Umfange, da an der Auflage ein Abrollen und an der Gutseite selten eine Berührung stattfindet. Nur die Flachlehren, die an der Auflage auf dem Werkstück hin- und hergeschoben werden, lassen Abnutzung erwarten.

c) **Kegel.** Kegellehren für genormte Kegel, wie Aufnahmekegel an Werkzeugmaschinen, sind handelsüblich. Für einen Kegeldorn haben sie die Form einer Hülse mit einer kegeligen Bohrung, die über das Werkstück geschoben wird. Die Toleranz tritt entweder in der Form einer Stufe, wie in Abb. 62 (T), oder zweier Markenstriche an einem Ausschnitt in Erscheinung. Eine Kante des Werkstückes, Anfang oder Ende des Kegels oder auch eine entfernt liegende Kante, wenn die Funktion dies erfordert, liegt zwischen den Flächen oder Marken der Lehre, wenn das Werkstück toleranzhaltig ist.

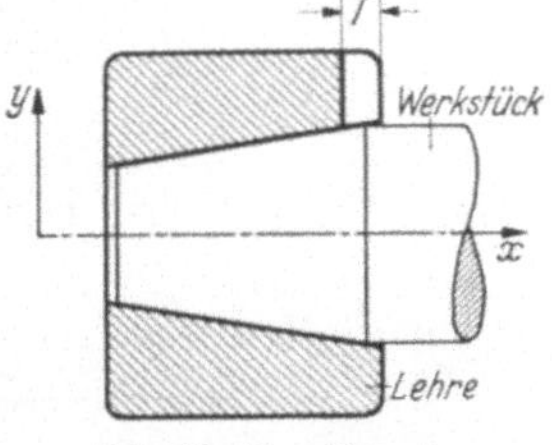

Abb. 62. Kegellehrring.

Es wird also eine Längentoleranz (T_x) gemessen. Gibt die Werkstückzeichnung eine Durchmessertoleranz (T_y) an, so erfolgt die Umrechnung nach der einfachen Beziehung: $T_x = k \cdot T_y$, wenn $1 : k$ das Kegelverhältnis ist.

Für eine Kegelbohrung wird sinnentsprechend ein Kegellehrdorn mit Absätzen (Abb. 63) oder Marken benutzt.

Der Kegelwinkel stimmt mit dem der Lehre überein, wenn die Lehre nicht wackelt; ist das Werkstück in Abb. 62 am rechten Ende zu dünn, also der Kegelwinkel zu klein, so liegt die Lehre nur am linken Ende an und wackelt am rechten Ende. Da sich schlanke Kegel leicht festsetzen, wird zur Beobachtung des Kegelwinkels häufig ein Fenster oder eine Ausnehmung an der Lehrhülse vorgesehen und der Lehrdorn ein Stück weit abgeflacht, wie es in Abb. 63 unten angedeutet ist. Es empfiehlt sich nicht, eine Kegelhülse ganz aufzuschlitzen, weil sie dann schwierig mit der erforderlichen Genauigkeit zu fertigen ist und eine längs durchgeschnittene Hülse nicht „steht", d. h. infolge der Werkstoffspannungen auf- oder zugeht. Die Übereinstimmung des Kegelwinkels mit der Lehre kann also nur auf eine bestimmte Länge, nicht aber über den ganzen Kegel hinweg beobachtet werden.

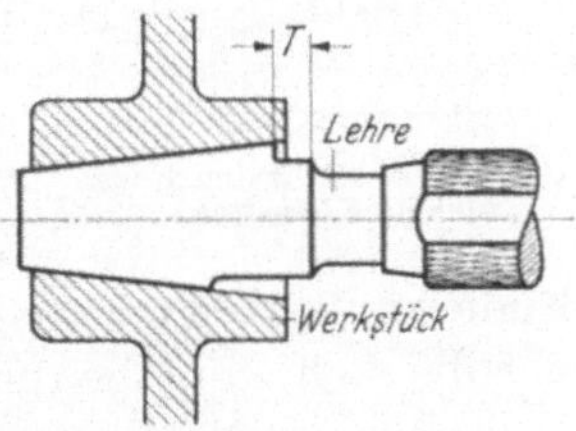

Abb. 63. Kegellehrdorn.

Zur genaueren Prüfung des Kegelwinkels sind Lehren im Handel, wie in Abb. 64 dargestellt. Je eine zugeschärfte Leiste berührt das Werkstück rechts und links, Längentoleranzen können mit Markenrissen oder Flächen geprüft werden. Diese Art Lehren umschließen zwar das Werkstück nicht vollständig wie eine Kegelhülse, sie gestatten aber Ab-

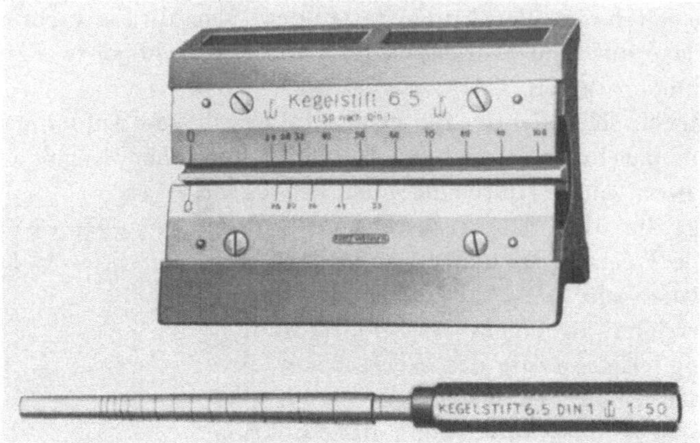

Abb. 46. Lehre für Kegelstifte mit Gegenlehre. (Fritz Werner A.-G. Berlin-Marienfelde.)

weichungen von der geometrischen Form nur im Rahmen der Toleranz und darüber hinaus nur in der Form des „Gleichdicks".

In all diesen Fällen wird eine Normallehrung des Kegelwinkels vorgenommen.

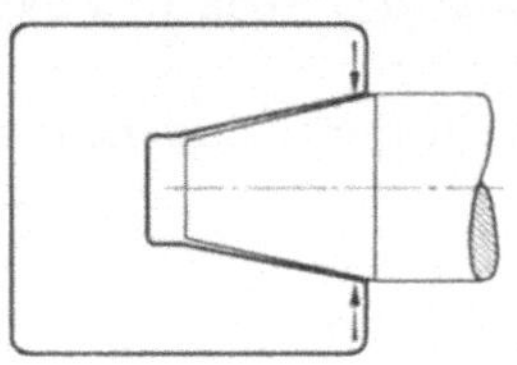

Abb. 65. Lehre für den Kegelwinkel, Kleinstmaß.

Ist der Kegelwinkel toleriert, so kann diese Toleranz mit den Lehren nach Abb. 65 und 66 geprüft werden. Die Lehre Abb. 65 enthält das Kleinstmaß des Winkels und muß (mindestens) an den durch Pfeile bezeichneten Stellen zur Anlage kommen; die Prüfung geschieht in der Weise, daß entweder der sich nach dem dünnen Ende hin verbreiternde Lichtspalt beobachtet oder versucht wird, ob sich die Lehre um die durch die Pfeile angegebenen Anlagepunkte nach oben und unten durchschwenken läßt.

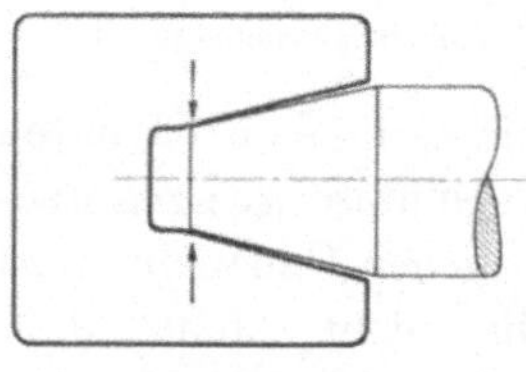

Abb. 66. Lehre für den Kegelwinkel, Größtmaß.

Die Lehre für das Größtmaß des Kegelwinkels (Abb. 66) wird sinngemäß angewendet. Diese Art der Prüfung ist nur dann möglich, wenn das Werkstück ein Kegeldorn ist. Bei der Kegelbohrung versagt das Verfahren, besonders dann, wenn es sich um schlanke Kegel handelt. Auf die Blechlehren (Abb. 65 und 66) wird vielfach ein Winkelstück aufgesetzt, das die Gewähr gibt, daß die Lehre stets in einem Achsenschnitt angelegt wird.

Die Kegellehrhülse (Abb. 62) muß an der rechten Stirnseite ein genaues Maß haben und außerdem muß der Kegelwinkel genau stimmen. Um sie leichter und schneller vermessen zu können, fertigt man sie meist nach einer Gegenlehre, für die aus Ersparnisgründen der Kegellehrdorn für das Gegenstück benutzt werden kann. Dessen Dicke am rechten Ende kann genügend genau ermittelt werden und an der rechten Stirnseite solange nachgearbeitet werden, bis das gewünschte Maß erreicht ist. Von dieser Stirnfläche aus wird dann der Toleranzabsatz gefertigt oder mit Hilfe von Endmaßen Marken angerissen. Mit Hilfe eines solchen Dornes als Gegenlehre läßt sich eine Lehrhülse gut fertigen, wie auch auf Abnutzung prüfen. Die Übereinstimmung der Kegelwinkel wird durch Antuschieren geprüft, das Maß an dem weiten Ende kann mit der genau gefertigten Stirnseite des Dornes, wenn nötig unter Zwischenschaltung von Endmaßen, durch Stirnschleifen erreicht werden.

Es ist nun die Frage zu untersuchen, wie ein Kegel auf der Gerätzeichnung zweckmäßig bemaßt und toleriert wird.

Man kann zu dem Kegel ein rechtwinkliges Koordinatensystem festlegen, so daß die Abszisse die Kegelachse bildet und die Ordinate radial verläuft, etwa wie in Abb. 62 angedeutet. In diesem System ist ein Kegel z. B. dann einwandfrei festgelegt, wenn an einer beliebigen Stelle, etwa am dicken Ende, der Halbmesser oder Durchmesser angegeben und ferner der Kegelwinkel, die Kegelneigung oder das Kegelverhältnis festgesetzt ist. Ebensogut könnte man zu zwei verschiedenen Abszissenpunkten (etwa Anfang und Ende des Kegels) die Ordinaten eintragen; dann braucht der Kegelwinkel nicht besonders angegeben zu werden.

Er kann deshalb wohl als Richtmaß für die Werkstatt zur Einstellung der Maschine eingetragen werden, wird aber für die Tolerierung des Kegels nicht benutzt. Dies muß auf der Zeichnung irgendwie zu erkennen sein, damit nicht eine „Überbestimmung“ zustande kommt, weil die Werkstatt glaubt, der Kegelwinkel müsse mit möglichster Genauigkeit eingehalten werden. Dies kann durch den Zusatz „Richtmaß“, „rechnerischer Wert“ oder das Ungefährzeichen „$\approx$“ geschehen.

Betrachtet man zunächst das erste Verfahren: Festlegung eines Koordinatenpunktes und des Winkels, so steht man vor der Frage, ob man Abszisse und Ordinate tolerieren soll, oder nur eines von beiden. (Die Tolerierung des Winkels ist davon unabhängig.) Die Tolerierung der Abszisse führt zu Unklarheiten, wenn sie mit einer Körperkante zusammenfällt. Man könnte den Ausweg wählen, daß man einen beliebigen anderen Punkt der Mantellinie (der sogar außerhalb, rechts oder links des tatsächlich vorhandenen Werkstückkegels liegen kann) mit Abszisse und Ordinate nebst Toleranzen angibt; sehr oft wird auch mit Vorteil die Kegelspitze gewählt, für die nur die Angabe der Abszisse nötig ist. Es bleibt dem Lehrenkonstrukteur überlassen, von dem gewählten Punkt auf den für ihn zweckmäßigen, an einer Stirnfläche der Lehre, umzurechnen; denn das Verfahren wurde ja nur gewählt, um eine eindeutige Darstellung auf der Zeichnung, ohne textliche Zusätze, zu ermöglichen.

Die Trennung zwischen der Körperkante, die für sich eine Toleranz braucht, und dem Bestimmungsmaß für den Kegel (Abszisse) ist zur Vermeidung von Unklarheiten auch dann nötig, wenn zufällig für beide die gleiche Toleranz zulässig wäre.

Für die Auswirkung der beiden Toleranzen, Abszisse und Ordinate ergibt sich folgendes (Abb. 67): Der beliebig gewählte Punkt P der Mantellinie sei zunächst bestimmt durch die Nennmaße: x in axialer Richtung und y, den zugehörigen Halbmesser (oder Durchmesser). Legt man durch diesen Punkt P eine Gerade, deren Neigung gleich der Kegelneigung $\left(\frac{\alpha}{2}\right)$ ist, so erhält man die Mantellinie des Kegels, die den Nennmaßen x und y entspricht. Die Toleranz T_x von x bewirkt eine Verschiebung dieser Mantellinie um T'_x, die Toleranz T_y von y, die ja unabhängig von T_x beliebig ausgenutzt werden darf, hat eine weitere Verschiebung um T'_y zur Folge, so daß das Gesamttoleranzfeld, wie es durch Schraffung gekennzeichnet ist, sich aus zwei Teilen, T'_x und T'_y zusammensetzt. Es wird niemand behaupten, daß durch dieses Verfahren die Klarheit besonders gefördert wird, sowohl für den Gerätkonstrukteur, der sich nicht alle Tage eingehend mit solchen Dingen befaßt, als auch für den Lehrenbauer, der sich die beiden Toleranzen erst zusammenrechnen muß. Die Lehren nach Abb. 62 und 63 messen die Toleranz nur in der x-Richtung; ein Verfahren, um die Durchmessertoleranz an einer bestimmten Stelle zu messen, ist ebenfalls möglich. Aber man wird erkennen, daß es allenfalls vorteilhaft ist, entweder die Länge (x) oder den Durchmesser ($2y$) zu tolerieren. Die Tolerierung der Länge stößt auf die erwähnten Schwierigkeiten, deswegen wird meist der Durchmesser an der dicksten oder dünnsten Stelle des Kegels mit einer Toleranz versehen und das zugehörige Längenmaß bleibt untoleriert; damit ist stillschweigend gemeint, daß es an der Lehre mit Lehrengenauigkeit enthalten ist und nicht etwa die werkstattüblichen Toleranzen für nichttolerierte Maße angewandt werden dürfen.

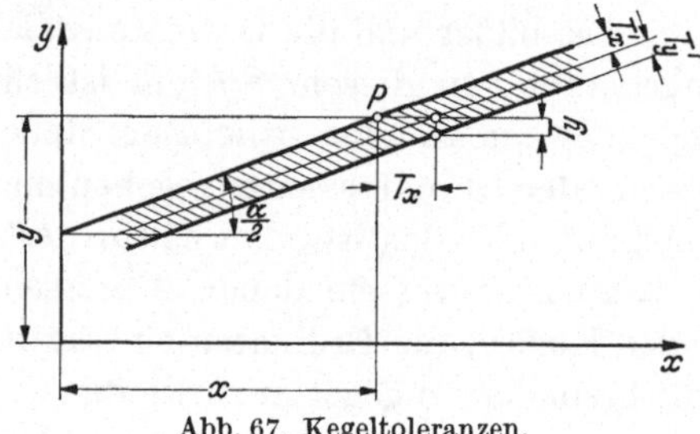

Abb. 67. Kegeltoleranzen.

Beim zweiten Verfahren: Festlegung der Mantellinie durch zwei Punkte im Koordinatensystem stellt sich nunmehr folgendes heraus (Abb. 68): Hat das Werkstück die Nennmaße entsprechend den Koordinaten x_1, y_1 und x_2, y_2, so geht die Mantellinie durch die durch diese Koordinaten bestimmten Punkte P_1 und P_2. Die Halbmessertoleranz (in der Werkstattzeichnung zweckmäßig Durchmessertoleranz) zu P_1 sei T_1 und zu P_2 gehöre die Toleranz T_2. Folglich ergibt sich die geschraffte Fläche als Toleranzfeld.

Da jede Toleranz für sich beliebig ausgenutzt werden kann, darf der Kegel vorn das Kleinstmaß und hinten das Größtmaß haben oder umgekehrt, wie in Abb. 68 angedeutet, die Mantellinie kann innerhalb des Toleranzfeldes beliebig verlaufen. Damit ist eine bestimmte Toleranz für den Kegelwinkel gegeben[1]. Der Konstrukteur muß sich also bei diesem Verfahren überlegen, ob die sich so ergebende Toleranz zulässig ist und ist im andern Falle gezwungen, das erste Tolerierungsverfahren anzuwenden; dabei ist es möglich, den Kegelwinkel unabhängig von der Durchmessertoleranz besonders zu tolerieren.

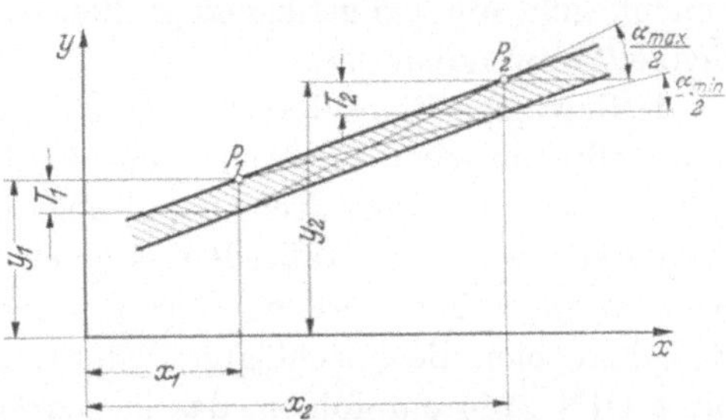

Abb. 68. Kegeltoleranzen.

Betrachtet man die bisher besprochenen Kegellehren nach dem Gesichtspunkt der Austauschbarkeit der Werkstücke, so kommt man zu folgendem Ergebnis. Lehrhülse wie Lehrdorn erfassen als Gutlehren die ganze Form und stellen somit die Austauschbarkeit sicher. Als Ausschußlehren, die sie gleichzeitig darstellen, sind sie ungeeignet. Es ist denkbar, daß das Werkstück nur auf einem kurzen Stück oder an mehreren Stellen genügend dicht anliegt und an den übrigen Stellen hohl liegt. Durch Antuschieren können die tragenden Stellen ermittelt werden, doch dies ist eine unsichere und in vielen Fällen eine zu scharfe Prüfung. Teilweise kann die Prüfung mit Hilfe der erwähnten Ausschnitte an den Lehren erfolgen, sowie mit der Lehre nach Abb. 64. Große Abweichungen lassen sich auch mit den Winkeltoleranzlehren (Abb. 65 und 66) erkennen.

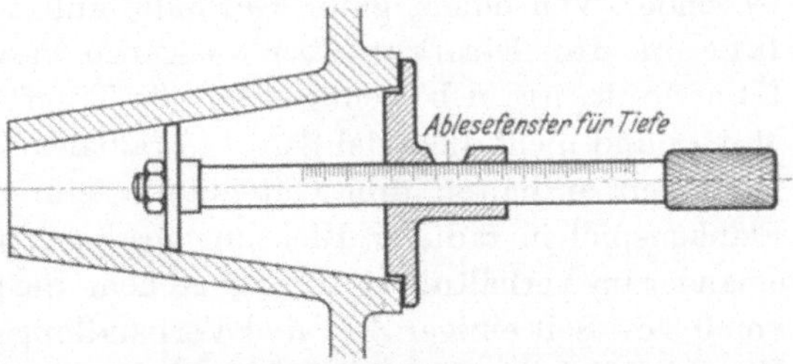

Abb. 69. Kegelmessung mit Meßscheibe.

Muß auf eine einwandfreie Ausschußprüfung des Durchmessers Wert gelegt werden, wie dies beispielsweise bei dem Ladungsraum eines Geschützes der Fall ist, um eine sichere Liderung der Patronenhülse zu erreichen und andererseits das Festklemmen beim Aufweiten durch den Gasdruck zu verhindern, so muß entweder eine Messung mit einzelnen gestuften kugeligen oder schmalen kegeligen Scheiben und einer Art Tiefenmesser vorgenommen werden (Abb. 69), oder es muß eine Verbindung zwischen einem anzeigenden Innenmeßgerät und einem Tiefen-

[1] $\frac{\alpha_{max}}{2} = \text{arc tg}\,\frac{y_2 - (y_1 - T_1)}{x_2 - x_1}$; $\frac{\alpha_{min}}{2} = \text{arc tg}\,\frac{(y_2 - T_2) - y_1}{x_2 - x_1}$

messer geschaffen werden, mit dem die Durchmesser punktweise geprüft werden. Die gleichen Möglichkeiten bestehen für Kegeldorne unter Verwendung gestufter Ringe oder einer Verbindung zwischen Außenmeßgerät und Tiefenmesser.

In einfacheren Fällen kann zur Formprüfung ein Haarlineal als qualitatives Meßmittel benutzt werden, das bei Außenkegeln stets, bei Innenkegeln nur bei genügend großen Durchmessern und guter Zugänglichkeit anwendbar ist.

d) Gewinde. Eines der schwierigsten und am häufigsten vorkommenden meßtechnischen Probleme stellt das Gewinde dar. Es würde zu weit führen, wenn an dieser Stelle das Problem und die Meßmittel erschöpfend dargestellt würden. Außerdem können die Schwierigkeiten als überwunden angesehen werden. Wer sich darüber eingehender unterrichten will, dem seien die einschlägigen Dinormen, vor allem das Erläuterungsblatt DIN 2244 empfohlen, das in gedrängter Form alles Wissenswerte enthält. Die Verwickeltheit des Gegenstandes kann an der Tatsache ermessen werden, daß es recht lange gedauert hat, bis das Kolumbusei der Gewindemessung, die Flankendurchmesser-Messung, gefunden wurde.

Die Bestimmungsgrößen eines Gewindes sind: Außendurchmesser, Flankendurchmesser, Kerndurchmesser, Steigung, Teilflankenwinkel und die Abrundungen im Kern- und Außendurchmesser. Eine Zeitlang hat man sich bemüht, jede dieser Größen für sich mit möglichster Vollkommenheit zu messen und hatte zum Schluß doch kein brauchbares Gewinde. Von einem guten Gewinde muß verlangt werden: gute Anlage in den Flanken über die ganze Traglänge hinweg, genügende Überdeckung, d.h. genügend große Tragfläche zwischen Bolzen und Mutter und nicht allzuviel Spiel in radialer oder axialer Richtung. Die Dinormen enthalten drei Gütegrade: fein, mittel und grob, die das Flankenspiel in radialer Richtung festlegen und deren Toleranzen zueinander im Verhältnis 1 : 1,5 : 2,5 stehen. Sie gelten für eine Mutterhöhe von 0,8 d. Seit einiger Zeit sind Verhandlungen über eine internationale Vereinheitlichung der Gewinde und der Gewindetoleranzen im Gange.

Eine Gewindemessung nach neuzeitlichen Gesichtspunkten setzt sich zusammen aus:

a) einer Gutprüfung mit einer Lehrmutter (Gut-Gewindelehrring) oder einer Flankenrachenlehre bzw. mit einem Gut-Gewindelehrdorn. Diese Messung berücksichtigt gleichzeitig Flankendurchmesser-, Steigungs- und Flankenwinkelfehler; soll die Gutlehre sich auf- bzw. einschrauben lassen, so muß jede Abweichung von der vorgeschriebenen Steigung oder dem vorgeschriebenen Flankenwinkel beim Bolzen durch eine Verkleinerung, bei der Mutter durch eine Vergrößerung des Flankendurchmessers berücksichtigt sein, wie in Abb. 70 und 71 für einen Gewindebolzen dargestellt.

b) Die Ausschußprüfung des Flankendurchmessers erfolgt mit einer Ausschuß-Gewinderachenlehre bzw. einem Ausschuß-Gewindelehrdorn. Um Steigungsfehler bei dieser Messung auszuschalten, erfaßt die Ausschußlehre möglichst nur einen Gang; um den Flankenwinkelfehler unschädlich zu machen, sind die Flanken der Lehre verkürzt, so daß sie nur an einem kurzen Stück der Werkstückflanken anliegen. Diese Maßnahmen sind nötig, um den oben genannten Forderungen an ein gutes Gewinde nahezukommen. Würde man die Steigungs- und Winkelfehler nicht ausschalten, so wäre eine weitere Verkleinerung bzw. Vergrößerung des tatsächlichen Flankendurchmessers denkbar; das Gewinde trägt dann in noch höherem Grade nur an einzelnen Stellen (Steigungsfehler), oder auch nur an den Spitzen oder im Kern (Winkelfehler). Das letzte ist besonders deswegen unangenehm, weil die Biegungsbeanspruchung der Gewindegänge größer wird und die Spitzen weggedrückt werden. Dann schlottert das Gewinde noch mehr oder eine festgezogene Schraubenverbindung lockert sich.

Abb. 70. Verkleinerung des Flankendurchmessers infolge eines Steigungsfehlers. Steigung des Werkstückes ist zu groß. Zu kleine Steigung bewirkt ebenfalls eine Flankendurchmesser-Verkleinerung.

c) Um die Überdeckung sicherzustellen, werden Kerndurchmesser der Mutter und Außendurchmesser des Bolzens mit glatten Grenzlehren geprüft, meist genügt für beide eine Ausschußlehre (Lehrdorn bzw. Rachenlehre).

d) Die Gutprüfung des Kerndurchmessers des Bolzens und des Außendurchmessers der Mutter ist nicht erforderlich, denn durch die Gutlehre wird gewährleistet, daß das Gewinde genügend tief „ausgeschnitten" ist. Eine Ausschußprüfung muß dann vorgesehen werden, wenn Kerbwirkungsgefahr vorliegt.

Abb. 71. Verkleinerung des Flankendurchmessers infolge eines Flankenwinkelfehlers. Teilflankenwinkel des Werkstückes ist zu klein. Zu großer Winkel bewirkt ebenfalls eine Flankendurchmesser-Verkleinerung.

Eines verdient ganz besonders hervorgehoben zu werden: Zügig gehende Gewinde, die nicht schlottern, können bei austauschbarer Fertigung (Gewindetoleranzen) nicht erreicht werden. Im übrigen ist solch ein schlotterndes Gewinde weitaus besser, als ein scheinbar zügiges, das an den Spitzen trägt.

Es nützt auch nichts, wenn das Gewinde nach der Gut-Lehrmutter oder dem Gut-Lehrdorn zügig angepaßt wird. Nach zahlreichen Untersuchungen[1] sind bei der Massenfertigung die Steigungs- und Winkelfehler so groß, daß diese Zügigkeit doch nur eine scheinbare ist. Eine Gewindeprüfung ist nur dann richtig, wenn die Gutlehre sich ohne Zwang anwenden läßt, — sie darf aber schlottern! — und die Ausschußlehre sich nicht über- oder einführen läßt. Es darf wohl behauptet werden, daß

[1] Schrifttum Nr. 11.

die Gewindeprüfung in dieser Form sich seit der Schaffung der Gewindetoleranzen (etwa 1923) im Grundsätzlichen durchaus bewährt hat.

Der Gut-Gewindelehrdorn für die Prüfung der Werkstückmutter schließt die ganze Form ein und sichert somit die Austauschbarkeit. Das gleiche kann von der Lehrmutter (Gut-Gewindelehrring) gesagt werden, die jedoch immer mehr durch Gut-Gewinderachenlehren ersetzt wird, die entweder mit gezahnten Backen oder mit profilierten Rollen versehen sind. Obwohl die Gewinderachenlehre als Gutlehre keine vollkommene Formprüfung ergibt, haben sich Anstände bei der Benutzung sehr selten gezeigt. Das wird wohl daran liegen, daß neuzeitliche Maschinen und Werkzeuge die Fertigung eines in praktischen Grenzen runden Gewindes ermöglichen. Man sollte daher nur in ganz besonderen Ausnahmefällen auf die Lehrmutter zurückgreifen, bei dünnwandigen Teilen, die durch die Gewinderachenlehre elastisch verformt werden oder dann, wenn mit der Gewindeprüfung andere Messungen verbunden werden müssen, wie bei einem identischen Gewinde.

Muß ein Gewinde in einem besonderen Falle spielfrei gehen, so sollte man sich nicht damit begnügen, in der Zeichnung seine diesbezügliche Forderung an die Werkstatt kundzutun, sondern auf konstruktive Mittel sinnen, die den Spielausgleich herbeiführen können. Ein einfaches Mittel besteht in der Anordnung einer einstellbaren Gegenmutter, in anderen Fällen wird die Mutter geschlitzt und wie eine Spannpatrone zusammengezogen. Ferner kann das Spiel durch Anordnung einer Feder ausgeschaltet werden, die bewirkt, daß das Gewinde stets an der gleichen (rechten oder linken) Flanke anliegt.

Identische Gewinde. Schraubt man beispielsweise eine Mutter gegen den Bund einer Welle und verlangt nun, daß Nuten in dem Bund und in der Mutter einander gegenüberstehen, so muß das Gewinde an beiden Werkstücken „identisch" geschnitten werden, d.h. das Ende des (verlängert gedachten) Gewindes der Welle, unmittelbar am Bund[1], und das Ende des Muttergewindes, unmittelbar an der Stirnfläche, müssen zu der Nut in der Welle bzw. in der Mutter den gleichen Winkel einschließen. Soll dieses Gebilde austauschbar sein, so muß dieser Winkel in der Zeichnung maßlich festgelegt sein. Ein Beispiel zeigt Abb. 72. Es ist unvorteilhaft, den Gewindemeßpunkt an das Ende des Gewindes zu verlegen, weil er dort in Wirklichkeit nicht vorhanden ist, sondern man wählt einen beliebigen Abstand, z.B. 10 mm. Der Gewindemeß-

[1] Hiermit ist, genauer ausgedrückt, der Punkt gemeint, der
der Bezugsebene (Stirnfläche des Bundes),
der Zylinderfläche, deren Durchmesser gleich dem Flankendurchmesser ist und deren Achse mit der Werkstückachse zusammenfällt, und
der beim Anziehen der Schraubenverbindung zum Tragen kommenden Gewindeflanke (Schraubenfläche)
gemeinsam ist.

punkt liegt auf dem Flankendurchmesser und ist durch zwei Größen bestimmt: den Abstand (10 mm) und den Winkel zum Ausgangspunkt, d.i. in dem gewählten Beispiel die Mitte der Nut. Die Verhältnisse liegen ähnlich wie beim Kegel, und es wird zweckmäßig nur eine von den beiden Bestimmungsgrößen toleriert.

Die Lehren werden vorteilhaft ähnlich dem jeweiligen Gegenstück ausgebildet, die Lehrmutter für den Bolzen erhält ein lehrenhaltiges Gewinde und eine dazu entsprechend stehende Nut. Die Toleranz wird durch Verbreiterung der Nut oder durch Marken an der Lehre angegeben. Bei dieser Art Lehrung empfiehlt sich die Tolerierung des Winkels. Ebensogut kann man auch nur den Abstand des Gewindemeßpunktes mit einer Toleranz versehen.

Bezüglich der Größe der Toleranz ist es ratsam, sich durch eine einfache Rechnung klarzumachen, wieviel eine bestimmte Winkeltoleranz an der Flanke, in

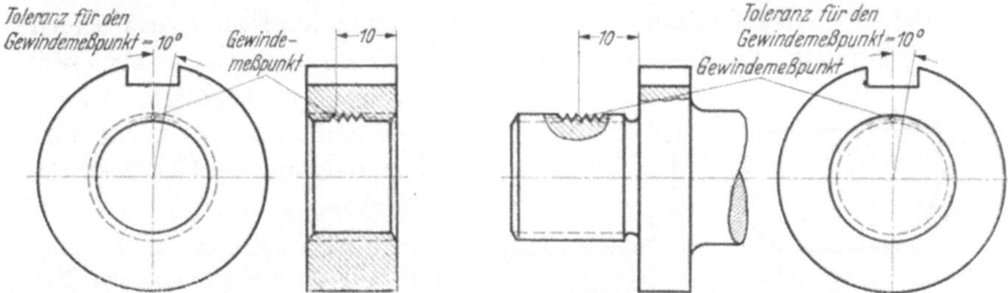

Abb. 72. Identisches Gewinde, Bemaßung.

Millimeter, ergibt. Identische Gewinde machen in der Mengenfertigung stets erhebliche Schwierigkeiten und sollten daher möglichst vermieden werden.

Die Prüfung des Gewindemeßpunktes an einem Gewindelehrdorn für identisches Gewinde wird am besten auf dem Zeis'schen Universal-Meßmikroskop in folgender Weise vorgenommen:

Bestimmung des Flankendurchmessers in bekannter Weise mit Meßschneiden, sowie der Lage der Gewindeachse,

Einstellung der Lehre auf die richtige Winkelstellung zum Bezugspunkt (z. B. mit dem optischen Teilkopf),

Anlegen von Schneiden an die Bezugsfläche und an die Bezugsgewindeflanke und Messung des Abstandes; hierbei muß die optische Achse des Mikroskopes von der Lehrenachse um den halben Flankendurchmesser abstehen.

e) Winkel. Die in Abb. 65 und 66 gezeigte Art der Winkelmessung in Toleranzen mit starren Lehren läßt sich sinngemäß auf andere Winkelmessungen übertragen. Bei der Messung muß wie beim Kegel darauf geachtet werden, daß die Winkellehre nicht schief, sondern in der richtigen Ebene angelegt wird; sonst wird das Meßergebnis verfälscht.

Winkel-Toleranzmessungen können auch mit beweglichen Zeigerlehren ausgeführt werden, die zwei Toleranzmarken erhalten.

Teilungswinkel von Lochkreisen werden im IV. Teil bei der Besprechung der Lochmittenlehren behandelt.

f) Formen. Eine „Form“ ist meist aus Geraden und Kurvenstücken zusammengesetzt und erscheint meist an einem prismatischen oder an einem Drehkörper. Die am häufigsten benutzte Kurve ist der Kreisbogen, da er am einfachsten zu fertigen ist[1]. Aber auch andere Kurven kommen vor, Evolvente, Zykloide, Spirale usw. Bei einfachen Flächen, Ebene, Zylinder, Kugel, ist die Anzahl der Kurvenelemente gleich eins, und die Formabweichungen und -Toleranzen wurden bereits erörtert.

Die Prüfung einer zusammengesetzten Form mit Meßmikroskop oder Projektionsapparat wurde bereits besprochen, außerdem können zahlreiche Formen mit Endmaßen, Dornen, Drähten usw. genau vermessen werden. Diese Verfahren können nur beim Lehrenbau, nicht aber bei der Mengenfertigung angewendet werden, da sie zu zeitraubend sind und geschulte Leute voraussetzen.

Bei der Gerätfertigung werden Formen am häufigsten mit Blechlehren geprüft. Ist die Form in einem Werkzeug enthalten (Formstahl, Formfräser), so begnügt man sich vielfach mit einer Werkzeuglehre, die zur Fertigung und Überwachung des Werkzeuges dient.

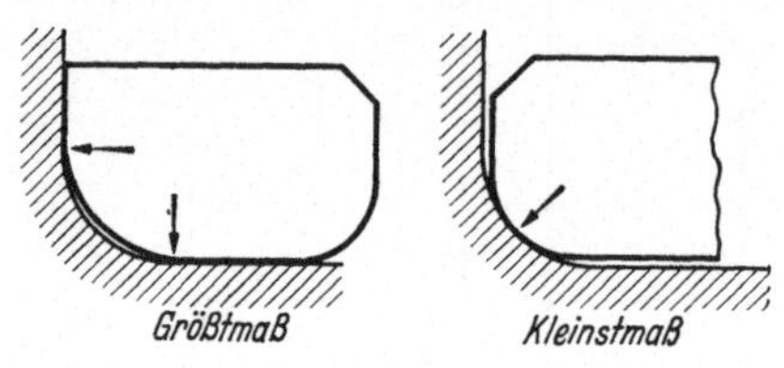

Abb. 73. Grenzprüfung einer Rundung.

Bei Werkzeuglehren sind häufig korrigierte Formen notwendig, vor allem bei hinterdrehten Fräsern und Formstählen, bei denen der Spanwinkel von Null abweicht. Die durch das Schrägstellen der Schneide entstehende Profilverzerrung muß bei der Formlehre berücksichtigt werden, wenn es nicht möglich ist, die Lehre so anzulegen, wie sie in das Werkstück hineinschneidet.

Die Formlehren dieser Art beruhen auf der Lichtspaltprüfung, die außerordentlich empfindlich sein kann. Außerdem ist es in den wenigsten Fällen möglich, eine Formlehre als Grenzlehre auszubilden. Deshalb sollte ihre Anwendung überhaupt nach Möglichkeit eingeschränkt werden. Kann eine Formlehre nicht entbehrt werden, so ist eine gründliche Unterweisung des Mannes an der Werkzeugmaschine und des Prüfers erforderlich. Über die Größe des Lichtspaltes können sehr leicht Täuschungen entstehen, und es besteht die Gefahr, daß brauchbare Werkstücke verworfen werden. Man kann sich manchmal dadurch helfen, daß man die Meßflächen recht breit macht. Dadurch wird zwar der Lichtspalt schwerer erkennbar, aber auch die Messung schwierig und noch unzuverlässiger.

Ein Beispiel für die Grenzprüfung einer Rundung zeigt Abb. 73. Die Lehre enthält das Kleinstmaß und Größtmaß der Rundung. Links ist

[1] Siehe S. 1.

das Größtmaß an das Werkstück angelegt, es muß in der Ecke Licht zeigen oder im Grenzfalle auf der ganzen Länge der Meßfläche lichtdicht anliegen. Rechts ist das Kleinstmaß angelegt, es muß zumindest in der Ecke anliegen und kann wiederum im Grenzfalle lichtdicht sein. Statt mit dem Lichtspalt kann die Prüfung auch durch Schaukeln der Lehre um die Anlagestellen vorgenommen werden.

Hier, wie bei Anwendung aller Blechlehren, kommt es auf das richtige Ansetzen der Lehre an: die Lehrenebene muß mit beiden Ebenen des Werkstückes einen rechten Winkel bilden.

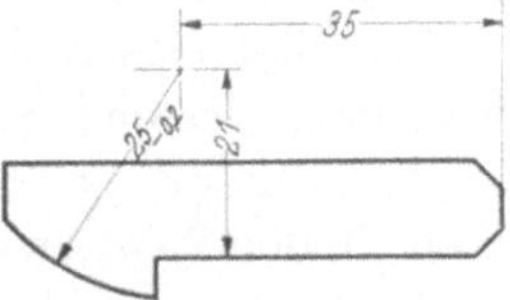

Abb. 74. Tolerierte Form, Werkstück.

Im Beispiel (Abb. 73) ist die Lage der Rundung dadurch festgelegt, daß sie in die geraden Stücke der Form tangierend übergehen soll. In Abb. 74 ist die Mitte der Rundung besonders bemaßt und die Größe des Halbmessers toleriert. Die Prüfung einer solchen Form könnte etwa mit einer Lehre nach Abb. 75 vorgenommen werden; das Werkstück ist gestrichelt eingezeichnet. Der Mittelpunkt der Rundung ist durch die Buchse *B* verkörpert, die von den Anlageleisten mit Lehrengenauigkeit den Abstand 35 bzw. 21 hat. In diese Buchse wird die links in Ansicht dargestellte Schwenklehre mit ihrem Mittelzapfen eingeführt; sie weist auf der einen Seite das Gutmaß 25, auf der anderen Seite das Ausschußmaß 24,8 auf.

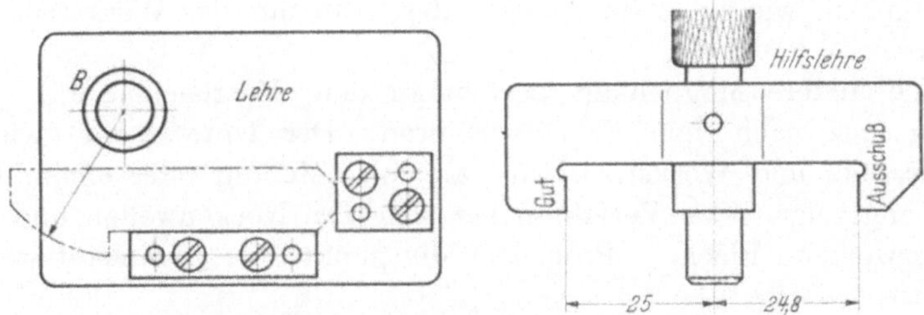

Abb. 75. Lehre für tolerierte Form nach Abb. 74.

Es wäre unzweckmäßig, die Koordinaten 35 und 21 auch noch zu tolerieren, weil dadurch die zu messende Rundung eine doppelte Toleranz erhält. Die Verhältnisse liegen wieder ähnlich wie beim Kegel (Abb. 67), entweder werden die Koordinaten des Mittelpunktes oder nur der Halbmesser toleriert. Im vorliegenden Beispiel ist mit Rücksicht auf die Lehrenkonstruktion die Tolerierung des Halbmessers vorzuziehen. Wenn es sich um eine Innenrundung (Kehle) handelt, deren Mitte festgelegt ist, so kann bei kleinen Abmessungen statt der Schwenklehre auch ein abgesetzter Dorn benutzt werden; die (dünnere) Gutseite muß an der Rundung vorbeigehen, die (dickere) Ausschußseite muß anstoßen.

Es ist vorgeschlagen worden, für verwickeltere zusammengesetzte

Formen ein Toleranzfeld, etwa nach Abb. 76 anzugeben; die Messung dieser Toleranz ist einwandfrei und in einfacher Weise mit dem Projektionsapparat nach einem Aufriß des Toleranzfeldes möglich. Bei Anwendung starrer Lehren wird für die Ausschußprüfung eine große Zahl von Einzellehren nötig, die keineswegs einfach zu entwerfen und anzuwenden sind. Denn nach der schon öfter erwähnten Grundregel des Lehrenbaues darf die Ausschußprüfung sich jeweils nur auf ein Maß erstrecken.

Man hat sich in einigen Fällen auch schon dadurch geholfen, daß man dem Messenden einen Spion — ein dünnes Blech oder ein Stück Draht — zu der Formlehre gab; dieses Hilfsmittel durfte sich an keiner Stelle in den Spalt zwischen Werkstück und Lehre einführen lassen. Das Verfahren versagt aber bei kleinen Toleranzen. Es wurde auch versucht, die zulässige Größe des Lichtspaltes durch einen beigegebenen Musterlichtspalt von bestimmter Breite zu beherrschen, jedoch bleibt die Beurteilung der Lichtspaltbreite auch dann noch in gewissem Grade individuell.

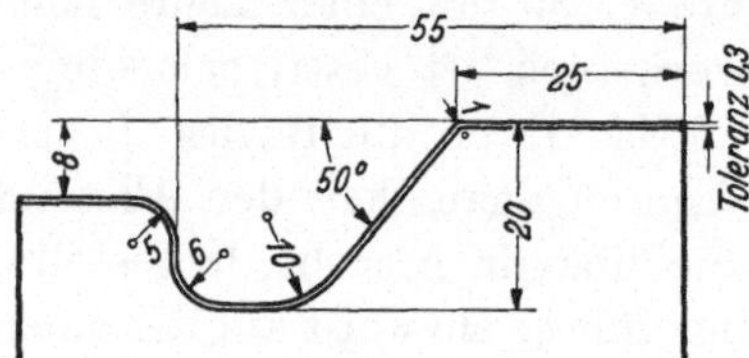

Abb. 76. Toleranz für eine Form.

Hierbei muß der Musterlichtspalt in bezug auf die Form des Werkstückes (z. B. Durchmesser eines Drehteiles) und die Dicke des Lehrenbleches die gleichen Verhältnisse wiedergeben, wie sie beim Anlegen der Lehre an das Werkstück vorliegen.

Eine andere Möglichkeit besteht in dem Vergleichen mit einem Musterstück nach dem Kopierverfahren. Der Unterschied zwischen Musterstück und Werkstück wird an einer Meßuhr oder einem Fühlhebel angezeigt. Das Verfahren hat sich für Nockenwellen und auch für verwickelte Flächen (Propeller), die punktweise angetastet werden, bewährt.

Eine weniger scharfe Formprüfung ist durch Vergleich mit einem Markenriß der Form in natürlicher Größe möglich, sofern die Gestalt des Werkstückes das Auflegen auf eine Platte, die den Riß trägt, gestattet. Bei genügend großem Toleranzfeld (mindestens etwa 0,4 mm) ist es sogar möglich, einen Toleranzriß aufzubringen.

g) Symmetrien. Das Wesen der Symmetrietoleranz wurde im II. Teil[1] beschrieben und eine Art der Eintragung in die Gerätzeichnung vorgeschlagen. Ein Beispiel zeigt Abb. 77. Die Welle 10 ⌀ h 6 soll demgemäß zur Welle 30 ⌀ h 6 nicht mehr als 0,05 unsymmetrisch, d. h. in diesem Falle außermittig liegen. Hierbei bezieht sich die Symmetrietoleranz sinngemäß nicht nur auf die Zeichenebene, sondern auf jede beliebige durch die Achse gehende Ebene.

[1] Siehe S. 16.

Um an einem Werkstück nach Abb. 77 die Symmetrieabweichung zu prüfen, kann man so vorgehen, daß man es in einem der beiden tolerierten Durchmesser, z. B. 10 ⌀ h 6, zentrisch drehbar aufnimmt, den andern Durchmesser (30 ⌀ h 6) mit einer Meßuhr oder einem Fühlhebel antastet und die Ausschläge des Zeigers beim Drehen beobachtet. Der Unterschied zwischen dem größten und dem kleinsten angezeigten Wert gibt den doppelten Istwert der Außermittigkeit an.

Will man statt dieses umständlichen und nicht immer anwendbaren Verfahrens eine Festmaßlehre benutzen, so kann eine Konstruktion nach Abb. 78 gewählt werden. Die Bohrung 10 hat das Größtmaß der Toleranz 10 h 6, sie wird zuerst auf den Wellenzapfen aufgeschoben. Beim weiteren Zusammenschieben greift die Bohrung 30,1 über die Welle 30 ⌀ h 6. Die Zahl 30,1 ergibt sich aus dem Größtmaß von 30 h 6 plus der Gesamt-Symmetrietoleranz: 2 · 0,05. Eine einfache Überlegung zeigt, daß die Bohrung 30,1 sich überführen läßt, wenn die Toleranz ± 0,05 nicht überschritten ist; selbstverständlich auch unter der Voraussetzung, daß die beiden Passungen nicht das Größtmaß überschreiten; zu diesem Zweck müssen sie vorher besonders geprüft worden sein.

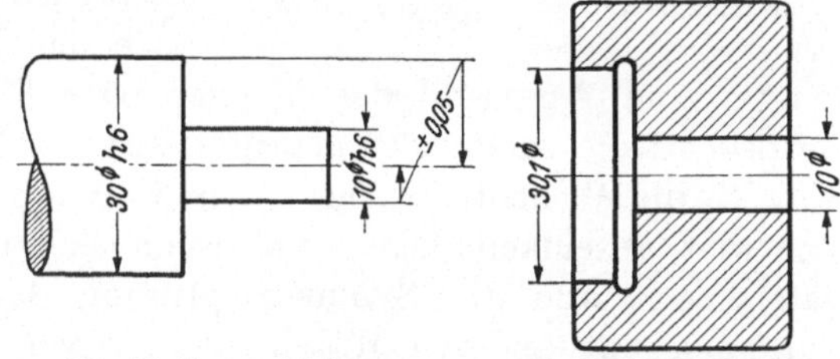

Abb. 77. Symmetrietoleranz. Abb. 78. Symmetrielehre.

Liegen die Werkstücke nahe an der Ausschußgrenze, sind sie also kleiner, als bei der Berechnung der Lehre zugrunde gelegt wurde, so kann die Bohrung 10 der Lehre auf dem Zapfen 10 ⌀ h 6 wackeln, dadurch und durch das vergrößerte Spiel (gegenüber dem rechnungsmäßigen) zwischen 30 ⌀ h 6 und 30,1 ist eine Überschreitung der vorgeschriebenen Toleranz möglich, ohne daß sie beim Messen bemerkt wird.

Ferner können die beiden Wellenteile auf Kosten der zulässigen Außermittigkeit zueinander schiefstehen. Außerdem hängt die Genauigkeit der Messung sehr von der tragenden Länge der beiden Bohrungsteile ab. Entsteht infolge der Ausnutzung der Toleranzen Spiel zwischen Lehre und Werkstück, so kann die Lehre auf dem Aufnahmezapfen 10 ⌀ h 6 verkanten und dadurch das Meßergebnis verfälschen.

Es ist wichtig, sich über diese Auswirkungen und unvermeidlichen Überschreitungen der gewollten Toleranz im klaren zu sein und notfalls die Art der Lehrung vorzuschreiben. In den meisten Fällen wird sich allerdings zeigen, daß die Symmetrietoleranz-Überschreitungen infolge Ausnutzung der Passungstoleranzen ungefährlich für die Brauchbarkeit und Austauschbarkeit sind.

Ein anderes Beispiel für eine Symmetrietoleranz zeigt Abb. 79, die zugehörige Lehre ist in Abb. 80 dargestellt. Die Aufnahme mit Gutmaß (entsprechend 10h6 in Abb. 77) erfolgt im (genaueren) Maß 30H8, die Toleranz ist im Maß 39,8 enthalten. Es ist auch möglich, die Symmetrietoleranz zu verteilen: 29,9 und 39,9, um das Einführen der Lehre zu erleichtern, doch ist dann stärkeres Verkanten der Lehre im Werkstück möglich.

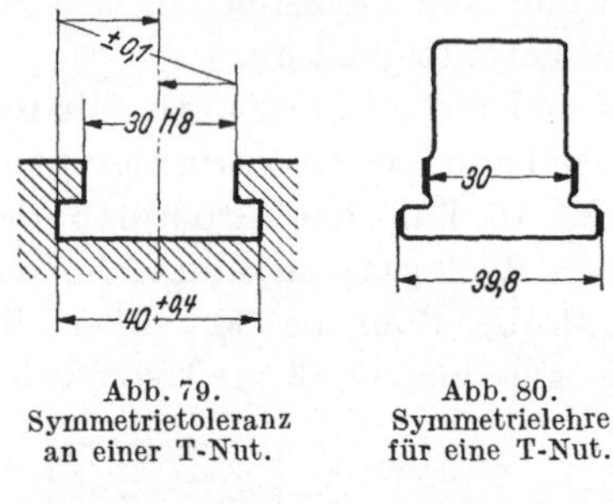

Abb. 79. Symmetrietoleranz an einer T-Nut.

Abb. 80. Symmetrielehre für eine T-Nut.

Auch bei dieser Lehre sind Überschreitungen der gleichen Art möglich, wie bei Abb. 77 und 78. Die Lehre darf nicht aus zu dünnem Blech gefertigt werden, um das Ecken beim Verschieben in der T-Nut zu verhüten.

Beim Prüfen von Symmetrietoleranzen mit Festmaßlehren ist auch das Verhältnis: **Führungslänge** zum **Abstand** der Flächen oder Flächenpaare, deren symmetrische Lage zueinander geprüft werden soll, zu beachten. Wenn in Abb. 77 die Wellenteile 30 ⌀ h6 und 10⌀ h6 in der Achsenrichtung sehr weit auseinanderlägen und wenn sie außerdem noch sehr kurz wären, so würde die Symmetrieprüfung dadurch beinahe zwecklos und auch mit anderen Mitteln kaum noch durchführbar und, abgesehen davon, konstruktiv sinnlos werden. Ein Beispiel ähnlicher Art zeigt die Abb. 81, die Nut ist im Verhältnis zur Welle sehr klein, d. h. ihre Führungsfläche ist kurz und somit auch die Richtwirkung der Symmetrietoleranz. Liegt die Nutbreite nahe am Größtmaß, so kann die Mittellinie der Nut schon sehr weit an der Mitte der Welle vorbeigehen, ohne daß dies beim Prüfen mit einer Festmaßlehre bemerkt wird, die die Gegenform aufweist.

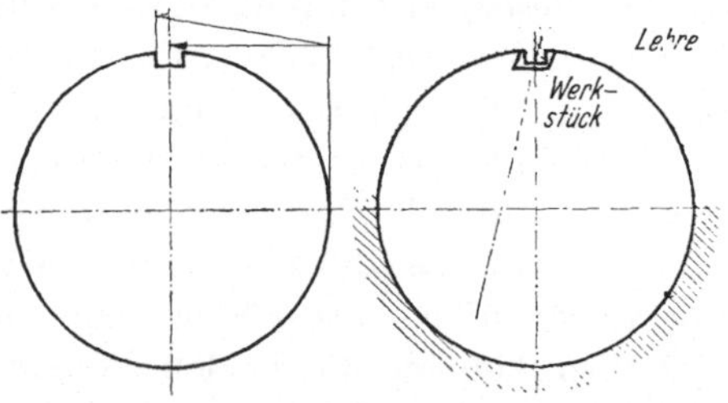

Abb. 81. Symmetrietoleranz für eine verhältnismäßig kleine Nut. Die Nut kann schief liegen (übertrieben dargestellt).

h) Keilwellen und Kerbverzahnungen. Auch für die Prüfung von Keilwellen und Kerbverzahnungen gilt der auf S. 38 aufgestellte Satz, daß die Gutlehre möglichst die volle Form umfassen, die Ausschußlehre dagegen jedes Maß einzeln prüfen soll. Der Teilungsfehler, der Kernpunkt dieses meßtechnischen Problems, muß bei der Gutlehre ähnlich wie bei einer Symmetrielehre (vgl. Abb. 81) berücksichtigt werden, und zwar in einer Größe, die den Fertigungsmöglichkeiten entspricht. Hierbei ist besonders der Verzug bei gehärteten Naben zu beachten, der oft durch zweckmäßigere Gestaltung des Werkstückes verringert werden kann.

Man muß sich darüber klar sein, daß mit einem gleichmäßigen Tragen aller Keile oder Zähne nicht gerechnet werden kann, daß vielmehr unter Last infolge elastischer Verformung der zunächst anliegenden Keile auch die übrigen mehr oder weniger zur Übertragung des Drehmomentes herangezogen werden.

i) Verzahnungen. Toleranz- und meßtechnisch sind bei einer geraden Evolventen-Stirnradverzahnung folgende Bestimmungsgrößen[1] zu betrachten: Zahnform, Teilung, Zahndicke, Rundlauf, Zahnrichtung. Der Teilkreisdurchmesser ist nur eine rechnerische Größe, die nicht gemessen und folglich auch nicht toleriert werden kann.

Zu den genannten fünf Bestimmungsgrößen kommt hinzu bei Schraubenrädern der Schrägungswinkel, bei Kegelrädern der Kegelwinkel, bei korrigierten Verzahnungen die Korrektur, die sich in Abweichungen der Zahndicke, des Kopf- und des Fußkreisdurchmessers äußert.

Wenn im folgenden die wichtigsten Verfahren zur Prüfung eines Stirnrades mit gerader Evolventenverzahnung, die weitaus am häufigsten ist, in aller Kürze besprochen werden, so wird zu unterscheiden sein zwischen Einzelfehlermessungen und Gesamtfehlerprüfungen. Die Bestimmung von Einzelfehlern, soweit sie sich voneinander trennen lassen, ist wichtig für das rechtzeitige Erkennen und Abstellen von Fertigungsfehlern; sie kann bei Mengenfertigung stichprobenweise mit wahlloser oder besser regelmäßiger Entnahme aus den gefertigten Werkstücken vorgenommen werden. Die Prüfung der Gesamtfehler mit Abrollgeräten ist weniger zeitraubend, kann eher mit angelernten Arbeitskräften vorgenommen werden, erfordert aber für die Beurteilung der erhaltenen Prüfbilder tiefere Sachkenntnis.

Die Evolventenform der Zahnflanke wird dadurch geprüft, daß im Meßgerät eine ideale Evolvente mechanisch erzeugt und der Unterschied zwischen dieser und der wirklichen Zahnflanke, an die ein Tasthebel angelegt wird, vergrößert angezeigt oder aufgezeichnet wird. Eine hierbei festgestellte Abweichung kann zunächst von einem von der Evolventenform abweichenden Verlauf der Zahnflanke herrühren. Oberflächenrauhigkeiten werden angezeigt, soweit die Form des Tasthebels dies ermöglicht. Die Abweichung kann aber auch von einem Fehler des Grundkreises nach dessen Größe und mittigen Lage zur Werkstückbohrung herrühren, der ebensogut als Eingriffswinkelfehler aufgefaßt werden kann. Dies äußert sich in einer Schieflage der aufgezeichneten Kurve. Die Bestimmung des am Werkstück vorhandenen Grundkreises

[1] Vgl. hierzu das Merkblatt „Stirnradfehler", Grundbegriffe für Fehler und Toleranzen bei Stirnrädern mit geraden und schrägen Zähnen mit Evolventenverzahnung, Ausg. Januar 1939, herausgegeben vom Ausschuß für Verzahnmaschinen bei der Fachgruppe Werkzeugmaschinen (Berlin, Beuth-Vertrieb). Ferner Schrifttum Nr. 16 und Klingelnberg: Technisches Hilfsbuch, Berlin: Julius Springer 1939, S. 412 ff.

ist leicht mit Geräten möglich, die nicht mit fester Grundkreisscheibe, sondern mit stufenloser Einstellung des Grundkreishalbmessers arbeiten. Der Grundkreisdurchmesser kann aber auch in einfacher Weise aus der Schieflage errechnet werden.

Die Teilung kann durch Vergleich mit einer Teilscheibe oder mit Theodolit und Kollimator geprüft werden. Liegt die Verzahnung zur Bohrungsmitte außermittig, so zeigt sich dies hierbei in einem periodischen Teilungsfehler. Bei einem anderen Verfahren werden Teilungsschwankungen von Zahn zu Zahn geprüft, indem zwei rechte oder zwei linke benachbarte Flanken in der Nähe des Teilkreises angetastet und die Unterschiede an einem Fühlhebel beobachtet werden. Bequemer ist die Prüfung der Eingriffsteilung t_e (Abb. 82), bei der das Rad nicht in der Bohrung aufgenommen zu werden braucht. Bei den Handgeräten wird ein starres Tastglied an eine Flanke angelegt, der bewegliche Tasthebel berührt die gleichgerichtete Flanke des nächsten Zahnes und durch Schwenken des Meßgerätes um den festen Anlagepunkt muß der kleinste Zeigerausschlag gesucht werden. Hierbei muß darauf geachtet werden, daß die Messung in der Ebene erfolgt, die senkrecht auf der Radachse steht. In gewissen Grenzen ist es gleichgültig, an welcher Stelle der Flanken die Prüfung erfolgt, denn der Abstand t_e zweier Evolventen mit gleichem Grundkreis ist gleichbleibend. Wird das Meßgerät nach einer starren Einstellehre eingestellt, so kann bei guter Evolventenform aus Abweichungen vom theoretisch richtigen Wert auf die Richtigkeit des Grundkreisdurchmessers d_g und des Eingriffswinkels α geschlossen werden.

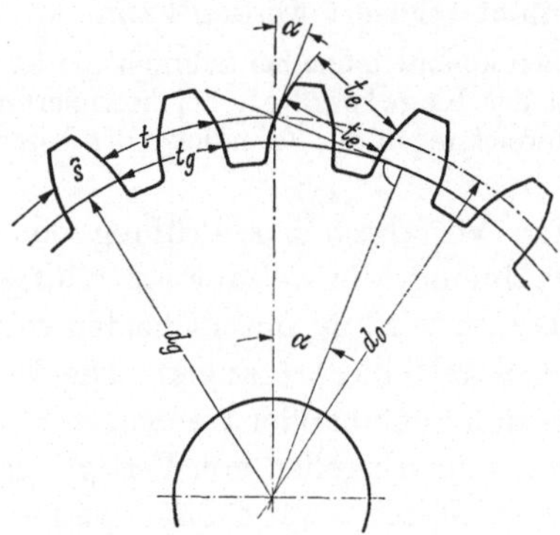

Abb. 82. Meßgrößen am Zahnrad.
α Eingriffswinkel
t Teilkreisteilung
t_g Grundkreisteilung
t_e Eingriffsteilung (bei genauer Evolvente $= t_g$)
d_0 Teilkreisdurchmesser
d_g Grundkreisdurchmesser
$\hat{s}$ Zahndicke (Bogenmaß)
Der Grundkreis ist der Kreis, dessen Evolventen die Zahnflanken bilden.

Die Zahndicke wird vielfach mit der Zahnmeßschieblehre mit Nonien oder mit optischer Ablesung oder mit einer starren Zahndickenlehre geprüft, deren Meßfläche eine Zahnlücke der Bezugszahnstange darstellt. Da sich diese Messungen auf den Kopf- oder den Fußkreis beziehen, ist die Voraussetzung für ein richtiges Meßergebnis, daß der Bezugskreis den richtigen Durchmesser hat und zur Verzahnung mittig liegt; diese Voraussetzung ist aber durchaus nicht immer erfüllt. Eine sehr einfache Messung ist die des Wertes M in Abb. 83 über mehrere Zähne mit einer Schraublehre, die tellerförmige Meßflächen hat. Für den Wert M gibt es einfache Formeln und Zahlentafeln. Da bei diesen Verfahren eine oder mehrere Teilungen übersprungen werden, geht der Teilungsfehler in diesem Bereich in die Messung ein. Bei großen Stückzahlen kann an Stelle der Schraublehre mit Grenzlehren geprüft werden. Bei einem anderen Meßverfahren für die Zahndicke wird das Werkstück in seiner Bohrung aufgenommen und mit einem Musterzahnrad, einer Zahnstange, einem Kegel oder Zylinder oder einer Kugel in Eingriff gebracht und entweder der Winkel gemessen, um den sich das Rad bei richtigem Abstand zwischen Werkstück und Prüfstück noch verdrehen läßt, oder das Zahnspiel wird mit einfachen Mitteln gemessen, oder schließlich der Betrag ermittelt, um den das Prüfstück noch dem Werkstück genähert werden kann.

Wird das letzte Meßverfahren auf dem ganzen Radumfang durchgeführt, so zeigen die Unterschiede der Meßergebnisse die Außermittigkeit der Verzahnung zur Bohrung und die Unrundheit der Verzahnung an. Der Rundlauffehler setzt sich also zusammen aus: Außermittigkeit, Unrundheit und Schwankungen der Lückenweite (Zahndicke).

Die Zahnrichtung (schräg, kegelig oder windschief zur Achse verlaufende Zahnflanken) wird geprüft durch Beobachtung des Ausschlages eines Fühlhebels bei relativer Verschiebung von Prüfling und Meßgerät in der Richtung der Zahnradachse, beispielsweise bei einem Evolventenprüfer, bei dem das Werkstück auf einem Dorn aufgenommen ist. Zahnrichtungsfehler haben zur Folge, daß die Zahnflanken nicht gleichmäßig beansprucht werden.

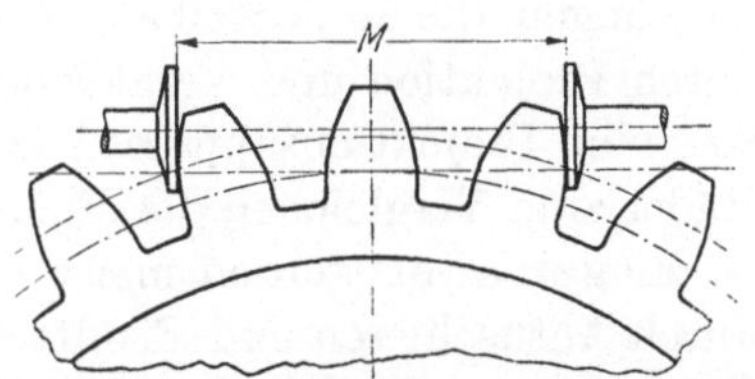

Abb. 83. Messung der Zahnweite.

Die Frage nach der zweckmäßigen Auswahl aus den angedeuteten Meßverfahren muß je nach dem Verwendungszweck und dem Herstellverfahren sehr verschieden beantwortet werden. Bei untergeordneten Rädern wird man meist mit der Prüfung der Zahndicke oder der Zahnweite M und des Rundlaufes auskommen und dadurch sicherstellen, daß die Räder beim richtigen Achsabstand ohne Klemmen laufen. Laufen die Räder sehr schnell, sind sie stark auf Verschleiß beansprucht, kommt es auf genaue Winkelübertragung oder Geräuscharmut an, so müssen auch Zahnform und Teilung überwacht werden.

Eine summarische Prüfung ermöglichen die Ein- und Zweiflanken-Abrollgeräte. Dabei wird das zu prüfende Rad in der Bohrung aufgenommen und mit seinem Gegenrad, einem Musterrad oder einer Zahnstange zum Eingriff gebracht. Beim Einflanken-Abrollgerät werden Werkstück und Prüfstück möglichst genau auf den theoretisch richtigen Abstand eingestellt und beim Abrollen die Abweichungen von der gleichmäßigen Winkelübertragung ermittelt, wie sie eine ideale Verzahnung zeigen soll. In das Meßergebnis geht die Summe aller Fehler in ihrer vollen betriebsmäßigen Auswirkung ein. Demgegenüber verwirklichen die Zweiflanken-Abrollgeräte, bei denen eine Achse sich der anderen unter Federkraft oder Gewichtszug nähert und die beim spielfreien Abrollen auftretenden Schwankungen des Achsabstandes aufgezeichnet werden, einen Zustand, der nicht dem der mit festem Achsabstand eingebauten Zahnräder entspricht. Gleichwohl ist bei sachkundiger Deutung des so erhaltenen Prüfbildes eine Beurteilung der Güte der Verzahnung möglich.

Schließlich ist noch die Abhörprüfung zu erwähnen. Die miteinander laufenden Räderpaare werden im Leerlauf oder unter Last abgehört oder mit Schallmeßeinrichtungen geprüft.

Bei Schraubenrädern ist neben den genannten Bestimmungsgrößen der Schrägungswinkel durch Abtasten der Zahnflanke und Vergleich mit einer im Meßgerät erzeugten Sollsteigung zu prüfen.

Feinmechanische Zahnräder, bei denen die Kleinheit der Abmessungen die unmittelbare Prüfung nicht mehr erlaubt, prüft man durch Projektion und Vergleichen mit einem Riß oder durch Abrollenlassen im Projektionsapparat. Das erste Verfahren wird auch für größere Räder zum Vergleichen der Flankenform angewandt.

Kegelräder werden meist nur mit Zweiflanken-Abrollgeräten und durch Antuschieren und Ermitteln der tragenden Flächen geprüft. Für die Zahnform von Kegelrädern gibt es bisher keine brauchbaren Meßgeräte.

Eine Schneckenradverzahnung ist nur in sehr begrenztem Maße austauschbar herzustellen. Die Schnecke kann zwar nach den üblichen Verfahren für Gewinde leicht geprüft werden. Sie muß aber nach den Maßen des Schneckenradfräsers gefertigt werden, der ja beim Schärfen dünner wird. Außerdem wird oft noch die Tragfläche durch Tuschieren geprüft und das Schneckenrad durch Schaben angepaßt.

Auch hier sei darauf hingewiesen, daß keine spielfreie Verzahnung im Austauschbau herstellbar ist, sondern daß im Bedarfsfalle die Spielfreiheit durch konstruktive Maßnahmen herbeigeführt werden muß. Der Spielausgleich kann z. B. durch Federn, durch Teilen und Versetzen der Hälften gegeneinander, durch Einstellbarkeit der Achsabstände und bei Kegel- und Schneckengetrieben durch Aussuchen passend gestufter Beilagscheiben an den Stirnflächen erreicht werden.

5. Meßunsicherheit.

Bei jeder Messung muß der Messende sich darüber klar sein, welche Zuverlässigkeit dem Meßergebnis zukommt. Es hat keinen Zweck, mit dem Holzmaßstab Zehntelmillimeter zu schätzen, weil der Holzmaßstab selbst Fehler von der Größenordnung 1 mm aufweisen kann.

In diesem Falle ist der Ablesefehler kleiner als der Feh'er des Meßgerätes. Es hat auch keinen Zweck, Bruchteile von Skalenteilen zu schätzen, wenn die Unsicherheit nahe an einen Skalenteil heranreicht.

Die Meßunsicherheit hat bei den verschiedenen Meßgeräten vielfältige Ursachen; zu den bei den einzelnen Meßverfahren gegebenen Hinweisen folgen nachstehend noch einige Ergänzungen, ohne das Thema damit zu erschöpfen.

Nimmt man als einfachstes Beispiel das Messen einer runden Welle mit einer handelsüblichen Rachenlehre, so zeigen sich folgende Quellen der Meßunsicherheit:

1. die Herstellungstoleranz der Lehre, auf die sich auch die Herstellungstoleranz des Meßgerätes auswirkt, mit der die Lehre geprüft wird, sowie die Meßunsicherheit, die dieser Prüfung anhaftet;
2. die Abnutzung der Lehre;
3. die elastische Aufbiegung der Rachenlehre infolge der Meßkraft;
4. die elastische Verformung der Werkstück- und Lehrenfläche infolge der Meßkraft, die Abplattung;
5. die Maßänderung durch Einfluß der Temperatur;
6. der Berührungsfehler, der dadurch entsteht, daß die Werkstück- und Lehrenflächen nicht unmittelbar metallisch aneinanderliegen, sondern durch eine Luft- oder Schmiermittelschicht voneinander getrennt sind.

Für die Herstellungstoleranzen und zulässigen Abnutzungen normaler Lehren sind in den Normen für DIN- und ISA-Toleranzen Zahlenwerte festgelegt. Die ISA-Toleranzen bieten eine so reiche Auswahl an Toleranzwerten, sowohl nach der Größe wie nach der Lage zur Null-Linie, daß es sich empfiehlt, alle Toleranzen dem ISA-System zu entnehmen, auch wenn nicht mit genormten Lehren gemessen werden kann. Damit sind Herstellungstoleranz und zulässige Abnutzung unmittelbar gegeben. Sie sind im Durchschnitt etwas kleiner, als bei den DIN-Toleranzen, entsprechend den Fortschritten der Lehrentechnik. Für zahlenmäßig angegebene Toleranzen, die von den ISA-Grundtoleranzen[1] abweichen, gelten Herstellungstoleranz und Abnutzung des nächstgrößeren Toleranzwertes.

Nicht festgelegt sind bis jetzt die zulässigen Formabweichungen, d. s. bei Rachenlehren Abweichungen von der Parallelität und Ebenheit der Meßflächen. Donath[2] hat festgestellt, daß diese bei den meisten Erzeugnissen der deutschen Lehrenindustrie verhältnismäßig klein sind. Sie dürfen keinesfalls zu einer Überschreitung der Herstellungstoleranz an irgendeiner Stelle führen. Durch die Abnutzung wird die Unparallelität vergrößert, die Lehre erhält eine „Vorweite“.

[1] Zahlentafel 1 auf S. 18.
[2] Schrifttum Nr. 23.

Durch die zulässige Abnutzung, die bei DIN stets, bei ISA nur in der 5. bis 8. Qualität zu einer Überschreitung des Werkstück-Toleranzfeldes führt, wird bei abgenutzten Lehren die vom Konstrukteur geforderte Paßeigenart gefälscht, Spielpassungen werden enger, Preßpassungen fester.

Die Abnutzung der Ausschußseite wird im allgemeinen vernachlässigt, weil ja die Ausschußseite meist nicht hinüber- oder hineingeht und die Abnutzung keine Überschreitung sondern eine Einengung des Toleranzfeldes zur Folge hat. In den Normen ist daher eine zulässige Abnutzungsgrenze nur für die Gutseiten angegeben.

Diese Veränderung der Paßeigenart hat jedoch kaum eine praktische Bedeutung, weil, wie auf S. 27 an Hand der Theorie gezeigt wurde, die Grenzfelder der Toleranz eine sehr geringe Häufigkeit aufweisen. Die Praxis hat bisher im wesentlichen der Theorie recht gegeben.

Mit Verkleinerung der Herstellungstoleranz wächst der Preis nach einer Kurve wie sie Abb. 13 zeigt.

Eine Verkleinerung des Abnutzungsfeldes hat eine linear verhältnisgleiche Verkürzung der Lebensdauer zur Folge, wenn nicht durch andere Maßnahmen (z. B. abnutzungsfestere Werkstoffe) der Abnutzung entgegengearbeitet wird.

Die elastische Aufbiegung (3.) der gebräuchlichen Rachenlehren hat Donath[1] eingehend untersucht. Sie ist recht beträchtlich. Man hat sie durch folgende Definition für das Maß einer Rachenlehre soweit wie möglich unschädlich zu machen versucht.

„Als Arbeitsmaß einer Rachenlehre gilt der Durchmesser derjenigen Meßscheibe, über die sie, leicht gefettet und dann sorgfältig abgewischt, aus dem Zustande der Ruhe durch die Gebrauchsbelastung[2] gerade noch hinübergleitet."

Wird beim Prüfen des Werkstückes mit der Rachenlehre in der gleichen Weise vorgegangen, so ist die Meßkraft und damit die Aufbiegung in beiden Fällen (annähernd) gleich. Sinngemäß müßten Rachenlehren für Toleranzen an flachen Werkstücken mit Endmaßen, statt mit Meßscheiben[3] geprüft werden.

Bei Berücksichtigung und praktischer Anwendung der Definition des Maßes einer Rachenlehre wird auch die Abplattung (4.) an der Berührungsstelle praktisch gleich und ausgeschaltet.

Der Einfluß der Temperatur (5.) wurde auf S. 3 besprochen.

Der eigentliche Berührungsfehler (6.), der Zwischenraum zwischen den

---

[1] Schrifttum Nr. 23.

[2] Weicht die Gebrauchsbelastung vom Eigengewicht der Lehre ab, so muß sie auf der Lehre in Gramm angegeben werden.

[3] Um die Anzahl der Meßscheiben einzuschränken, können an die eine Meßfläche der Rachenlehre Endmaße angesprengt und dann die Prüfung mit einer entsprechend kleineren Meßscheibe ausgeführt werden. Dadurch treten geringe Unterschiede in den Meßergebnissen ein.

metallischen Flächen ist sehr klein. Er hängt von der Art der Zwischenschicht (Luft oder Fett, verschiedene Fettkonsistenz), von der Meßkraft, die ausreichen muß, um die Zwischenschicht bei wiederholter Messung gleichmäßig zu verdrängen, von der Größe der Fläche und von der Oberflächengüte ab. Bei angesprengten Endmaßen beträgt dieser Berührungsfehler Bruchteile von μ, bei weniger guten Oberflächen ist er größer.

Die Meßunsicherheit ist vorstehend für die Messung einer Welle mit der Rachenlehre besprochen. Sie wird selbstverständlich anders, sowohl der Art als auch der Größenordnung nach, wenn beispielsweise Lehrdorne, Kugelendmaße, Flachlehren usw. betrachtet werden.

Für den Praktiker in der Werkstatt haben Herstellungstoleranz, Abnutzung, Temperatur und Meßkraft (richtige Anwendung der Lehre!) die ausschlaggebende Bedeutung.

6. Meßgefühl.

Beim Vorgang des Messens wird durch den Messenden eine Relativbewegung zwischen Werkstück und Meßgerät bewirkt. Die Art dieser Bewegung beeinflußt die Genauigkeit des Meßergebnisses und ist in hohem Grade von der Person des Messenden abhängig. Je nach der Art des Meßgerätes macht sich der subjektive, von den Eigenschaften des Messenden abhängige Einfluß mehr oder weniger stark geltend. Das Streben der Meßgerätkonstrukteure ist seit langem auf die möglichst vollkommene Ausschaltung der subjektiven Einflüsse, der Erfahrung, Übung und angeborenen Geschicklichkeit des Messenden gerichtet. Vollkommen wird dies nie gelingen. Es wäre nur möglich bei ausschließlicher Anwendung vollselbsttätiger Meßgeräte, wie sie beispielsweise bei der Fertigung von Infanterie-Patronenhülsen angewendet werden. Doch auch diese Maschinen sind durch die Verschiedenheit der inneren Reibungsverhältnisse und der Federn nicht vollkommen objektiv.

In erster Linie wird beim Messen der Tastsinn benutzt. Er zeigt an, welche Kraft nötig ist, um einen Lehrdorn in eine Bohrung einzuführen und um ihn darin zu bewegen, oder mit welcher Umfangskraft eine Schraublehre zugedreht wird. Er zeigt auch an, ob eine Tiefenlehre nach Abb. 56 oder 57 sich beim Übergleiten über die (gerundete) Werkstückkante von der Auflagefläche abhebt oder nicht. Ferner wirkt der Gesichtssinn mit, die Sehschärfe bei der Lichtspaltprüfung und beim Vergleichen zweier Kanten oder Marken, sowie beim Ablesen der Zeigerstellung auf einer Teilung, das Augenmaß beim Einführen eines Dornes parallel zur Bohrungsachse oder beim Überführen einer Rachenlehre.

Die objektivste Messung ist die mit einer Meßuhr oder einem Fühlhebel, weil die Meßkraft am Taststift vom Meßgerät herkommt. Allerdings ist die Meßkraft bei den meisten dieser Meßgeräte nicht über den ganzen Meßbereich gleichmäßig. Größere Fehler können aber dadurch entstehen, daß der Messende mit Hilfe der Abhebevorrichtung den Taststift mit verschieden großer Wucht auf das Werkstück fallen läßt, anstatt ihn gleichmäßigleicht aufsitzen zu lassen. Noch ein anderer subjektiver Einfluß macht sich bemerkbar. Das Werkstück muß in die richtige Lage zur Meßrichtung gebracht werden, so daß bei einem runden Körper ein Durchmesser und nicht eine Sehne gemessen wird und bei einem rechtkantigen Körper entsprechende Punkte angetastet werden und nicht übereck geprüft wird. Dieses Suchen des höchsten oder tiefsten Punktes erfordert Handgeschicklichkeit und Übung.

Beim Messen einer Bohrung mit einem festen Stichmaß oder Innenmikrometer wird das Meßgerät zunächst mit einem Ende in der Bohrung aufgesetzt; dann wird versucht mit dem anderen Ende möglichst in der Durchmesserebene durchzuschwenken. Hat die Bohrung genau das Maß des Stichmaßes, so ist das Durchschwenken bei leichter Berührung nur dann möglich, wenn das Stichmaß genau in der Durchmesserebene geschwenkt wird; die geringste Abweichung nach rechts oder links (Sehne) führt zum Anstoßen an der Bohrung. Es muß also durch Probieren die Lage gefunden werden, in der sich das Stichmaß am leichtesten durchschwenken läßt. Hierbei kann das Augenmaß zu Hilfe genommen werden. Ferner kann die Bohrung in einer Schräglage (kurz vor dem Durchgang) rechts und links angetastet und daraus die Mittelstellung durch Augenmaß oder mit dem Tastsinn gefunden werden. Bei diesem Vorgang, dem Suchen der Durchmesserebene, muß der höchste Punkt gesucht werden.

Beim zweiten Vorgang, dem Durchschwenken, muß der tiefste Punkt gesucht werden, in dem die Meßfläche entweder frei durchgeht oder die Bohrung gerade berührt. Diese Vereinigung zweier entgegengesetzter Suchvorgänge macht das Messen mit einem Stichmaß oder Innenmikrometer so schwierig. Leichter ist das Messen mit einem Kugelendmaß, bei dem der Kugelhalbmesser mit dem Bohrungshalbmesser zusammenfällt. Dadurch wird beim Aufsetzen die Lehre in die Durchmesserebene ausgerichtet, und zwar um so vollkommener, je breiter die Auflage ist.

Von dieser Möglichkeit des „Ausrichtens" der Lehre nach einer Richtfläche kann bei vielen Sonderlehren mit Vorteil Gebrauch gemacht werden. Dadurch wird der Messende von störenden Einflüssen freigemacht und er kann seine ganze Aufmerksamkeit auf den eigentlichen Meßvorgang (beim Stichmaß das Durchschwenken) lenken. Werden beispielsweise die Lehren nach Abb. 56 und 57 aus zu dünnem Blech gefertigt, so muß beim Messen darauf geachtet werden, daß die Lehre nicht um die Auflage schaukelt; ist die Auflagefläche aber breit genug, so wird die Ebene der Lehre von selbst immer parallel zur Längsachse des Werkstückes liegen, ohne den Tastsinn und das Augenmaß hierfür besonders in Anspruch zu nehmen.

In diesem Zusammenhang verdienen die vielfach benutzten dünneren Ansätze und Zapfen an glatten und Gewindelehrdornen, die zum Vor-Führen dienen, Erwähnung. Eine Werkstückbohrung nach Abb. 84 ist nicht nur schwierig zu fertigen, sondern macht auch erhebliche Meßschwierigkeiten, weil das Gefühl für achsenparalleles Einführen der Lehre verlorengeht. Aus dem gleichen Grunde wird der Griff an der Lehre nach Abb. 85, mit der eine bogenförmige T-Nut geprüft werden soll, besser fortgelassen, weil er nicht parallel zur Einführungsrichtung der Lehre liegt. Auch die rechtwinklige Lage des Griffes zur Bewegungsrichtung, wie in Abb. 86, ist nach Möglichkeit zu vermeiden.

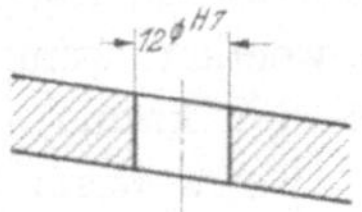

Abb. 84. Schräge, tolerierte Bohrung, schwierige Fertigung und Prüfung.

Die Empfindlichkeit des Tastsinnes für geringe Kraftunterschiede beim eigentlichen Meßvorgang hängt in erster Linie von der Veranlagung und Übung des Messenden, dem Meßgefühl, ab. Das Meßgefühl kann aber auch durch die Bauart der Lehre beeinträchtigt werden. Muß beim Messen eine große Kraft zum Halten der Lehre oder des Werkstückes oder für einen anderen Zweck aufgewendet werden, so wird dadurch die Feinheit des Tastsinnes beeinträchtigt. Es ist nicht möglich, mit einem Finger Unterschiede von wenigen Gramm festzustellen, wenn gleichzeitig mit der gleichen oder auch der anderen Hand Kräfte von mehreren Kilogramm ausgeübt werden müssen. Daraus folgt für den Lehrenkonstrukteur, daß das Werkstück auf die feststehend angebrachte Lehre zu bewegt werden muß, wenn es nicht möglich ist, die Lehre leichter zu bauen als das Werkstück. Die gleichen Überlegungen haben bedeutende Meßgerätfabriken zum Bau von Lehrdornen in besonders leichter Ausführung gebracht, die sich im Gegensatz zu der genormten schweren Bauart (50—100⌀) besonders für kleine Toleranzen ausgezeichnet bewährt haben. Die Lehren sind zur Gewichtsverminderung einseitig ausgeführt (Gut- und Ausschußseite getrennt) und weitgehend ausgespart. Der Schwerpunkt liegt so, daß die Lehre kein Übergewicht nach einem Ende zu besitzt; sie liegt trotz des verhältnismäßig kurzen Griffes gut in der Hand.

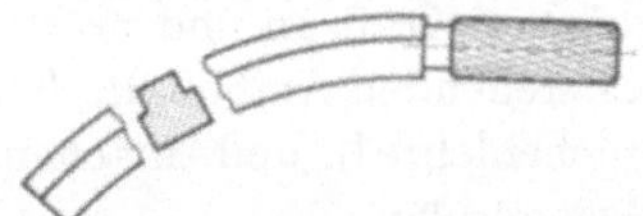

Abb. 85. Lehre für bogenförmige T-Nut, Griff liegt nicht in der Richtung, in der die Lehre eingeführt wird.

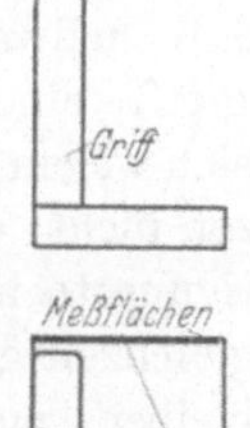

Abb. 86. Lehre, bei der der Griff senkrecht zur Bewegungsrichtung steht.

Ein dankenswerter Versuch, den subjektiven Anteil zu vermindern, ist bei der „Definition des Maßes einer Rachenlehre“ (S. 86) gemacht worden, wie sie bei den ISA-Passungen festgelegt wurde und in ähnlicher Form bereits für die DIN-Passungen aufgestellt war. Die Lehre soll nicht mit Muskelkraft übergeführt werden, sondern durch ihr (gleichbleibendes) Eigengewicht aus dem Zustande der Ruhe (Vermeidung der kinetischen Energie) hinübergleiten. Leider läßt sich das Verfahren nur anwenden, wenn die Welle zum Messen in waagerechte Lage gebracht werden kann.

Ein weiterer Versuch ist der an Meßmaschinen mit Schraubenspindel angebrachte Meßkraftanzeiger und die bei Schraublehren gebräuchliche Gefühlsratsche. Diese hat jedoch einige Mängel. Die Feder der Ratsche und die Reibung sind Schwankungen unterworfen. Ferner macht sich die Oberflächengüte des Werkstückes und die Größe der Berührungsfläche auf den Grad des Zuschraubens störend bemerkbar. Am stärksten ist wohl der Einfluß der Geschwindigkeit, mit der die Schraube zugedreht wird. Viele geübte Meßtechniker benutzen daher bei genauen Messungen die Ratsche nicht, sondern drehen gefühlsmäßig möglichst stets mit gleicher Kraft an und prüfen dann durch Schwenken der Lehre um den feststehenden Amboß die Kraft, die zum Hinübergleiten nötig ist (starre Rachenlehre!) und machen dadurch die (ebenfalls stark subjektive) Gegenprobe.

7. Ausführung der Lehren[1].

a) Werkstoffe. Um die Abnutzung zu verringern, werden die Meßflächen, An- und Auflageflächen und sonstigen der Abnutzung beim Gebrauch unterworfenen Stellen gehärtet. Versuche haben ergeben, daß mit der größten Oberflächenhärte keineswegs auch immer die geringste Abnutzung verbunden ist. In einzelnen Fällen hat sich sogar gezeigt, daß „feilweiche" Flächen, d. s. solche, bei denen die Feile noch angreift, eine längere Lebensdauer haben als härtere. Doch empfiehlt es sich wegen der Gefahr der Beschädigung durch Anstoßen oder Zerkratzen nicht, derart weiche Flächen vorzusehen. Nur wenn es sich um fertigungstechnisch besonders schwierige Formen an Lehren handelt und gleichzeitig die Abnutzungsflächen groß sind, können Meßflächen weich bleiben; meist wird dann Stahl von 60—70 kg/mm^2 Festigkeit benutzt. Hierbei spielt auch die Anzahl der zu prüfenden Werkstücke eine Rolle, und es ist ratsam, beim Entwurf einer „weichen" Lehre besonders darauf zu achten, daß mechanische Beschädigungen nicht leicht vorkommen können.

Das merkwürdige Verhalten mancher Stähle in bezug auf die Abnutzung wird so erklärt, daß aus einem harten, spröden Werkstoff

[1] Vgl. „Technische Lieferbedingungen für Lehren, TL 1014", herausgegeben vom Oberkommando des Heeres, Heereswaffenamt, zu beziehen durch Beuth-Vertrieb, G. m. b. H., Berlin SW 68.

mikroskopisch kleine Teilchen beim Hinübergleiten eher herausgerissen werden, als wenn diese Teilchen in einem zäheren Grundwerkstoff eingebettet sind. Sehr großen Einfluß auf die Abnutzung hat auch der Werkstoff des zu prüfenden Stückes. Am unangenehmsten in dieser Hinsicht verhalten sich hartes Messing, Bronze und Leichtmetalle. Bei Aluminiumlegierungen werden kleinste Teilchen losgelöst, die sofort oxydieren und einen sehr harten Schleifstaub aus Aluminiumoxyd bilden. Auch die Meßkraft beeinflußt die Abnutzung; Gewindelehrdorne nutzen sich um ein Vielfaches schneller ab als glatte Lehrdorne, weil (neben dem Gleitweg) die Meßkraft infolge der Keilwirkung der Gewindegänge erheblich größer ist.

Bei Widia konnte Nieberding[1] bei seinen Versuchen praktisch keine Abnutzung feststellen. Man kann die Lebensdauer der mit Widia bestückten Lehren auf etwa das 40fache gegenüber den Lehren aus Kohlenstoffstahl annehmen. Der Verwendung von Widia steht der hohe Preis entgegen, der durch die lange Lebensdauer ausgeglichen wird, und die Schwierigkeit der Bearbeitung. Doch ist es gelungen, aus Hartmetallen sogar Gewindelehrdorne herzustellen.

Bei Lehren und insbesondere bei Endmaßen wird vom Werkstoff verlangt, daß er homogen, gut härtbar, widerstandsfähig gegen Abnutzung und Korrosion ist und den gleichen Ausdehnungsbeiwert wie Stahl hat und sich gut bearbeiten und polieren läßt. Die wichtigste Forderung ist die der Maßbeständigkeit. Durch den Härtevorgang werden innere Spannungen hervorgerufen, die sich allmählich auslösen und im Verein mit langsamen Gefügeänderungen Verformungen der gehärteten Stücke bewirken, die sich erst im Laufe der Zeit bemerkbar machen. Die Verringerung dieser Erscheinungen ist bei den einzelnen Lehrenherstellern der Gegenstand kostspieliger Versuche und großer Erfahrungen und so kommt es, daß die Ansichten über die geeigneten Lehrenwerkstoffe sehr auseinandergehen.

Es sind in der Hauptsache zwei Arten zu unterscheiden, der niedriggekohlte Einsatzstahl und der hochgekohlte Durchhärter mit oder ohne Legierungsbestandteile. Einsatzstähle entsprechen im allgemeinen etwa St C 10.61 bis St C 16.61; die Einsatztiefe richtet sich nach der Größe des Teiles, sie muß mindestens so groß sein, daß nach dem Fertigstellen der Lehre noch eine genügend dicke Schicht für die Abnutzung zur Verfügung steht, jedoch muß bei dünnen Teilen ein zäher Kern vorhanden sein. Häufig wird auch Nitrierhärtung angewandt, die sich gut bewährt hat, vor allem, weil das spannungerzeugende Abschrecken wegfällt.

Der Vorzug der Einsatzstähle liegt im geringeren Härteverzug und in der Möglichkeit, Stellen, die weich bleiben sollen, abzudecken. An-

[1] Schrifttum Nr. 42.

dererseits wird ein inhomogenes Gebilde erzeugt, das zu nachträglichen Gefüge- und Formänderungen neigt. Durchhärtende Stähle haben meist hohen Kohlenstoffgehalt (um 1%), als sehr vorteilhaft hat sich ein Cr-Zusatz von 1—2% erwiesen. Er erzeugt größere Härte, ermöglicht dadurch geringere Abkühlgeschwindigkeit (Ölhärtung) und geringeren Verzug. Bei durchhärtenden Stählen ist es wichtig, daß durch die Formgebung Härterissen möglichst vorgebeugt wird, vor allem durch Vermeidung starker und schroffer Querschnittübergänge.

Um die nachträglichen Formänderungen, das Altern, auf ein Mindestmaß zu beschränken, werden die gehärteten Lehrenteile künstlich gealtert. Dies geschieht durch mehrstündiges Erwärmen auf Temperaturen von 100—200°, am besten, wenn dies möglich ist, in Verbindung mit einer halbjährigen Lagerung. Auch hierbei, wie bei der Wahl und Behandlung der Werkstoffe, spielt die eigene Erfahrung mit einem bestimmten Werkstoff eine große Rolle.

Bis vor kurzem wurde die Härte der Meßflächen vorwiegend mit der Feile geprüft, ein Verfahren, das zwar dem Hersteller im vorgearbeiteten Zustande der Lehre einen Anhalt gibt, dem Benutzer dagegen, der ohnehin nur an der Kante oder in der Nähe der Meßfläche nachprüfen kann, kaum etwas über den Abnutzungswiderstand des gekauften Erzeugnisses aussagt.

Vor einigen Jahren sind Geräte auf den Markt gekommen[1] — z. T. auf Anregung des Verfassers —, die eine einwandfreie Härteprüfung von Lehren ermöglichen. Sie beruhen auf dem Vickersverfahren. Eine Diamantpyramide wird mit verhältnismäßig geringem Druck ohne Vorbelastung in die Meßfläche eingedrückt, das Bild des Eindruckes vergrößert projiziert und die Diagonale des Eindruckes gemessen. Tafeln ermöglichen die Umrechnung auf Rockwell-, Brinellhärte und Festigkeit. Die Streuungen der Meßergebnisse halten sich in erträglichen Grenzen und, was das wichtigste ist, die Eindrücke sind mikroskopisch klein, die Beschädigung der Meßfläche also erträglich. Der am Rande des Pyramideneindruckes entstehende Wulst ist bei einer Prüflast von 10 kg etwa 1 μ hoch; da er sehr schmal ist, kann er durch kurzes Nachläppen entfernt werden, ohne das Maß der Lehre zu gefährden[2].

In Verbindung mit geeigneten Einspanngeräten ist bei zahlreichen Lehrenformen eine brauchbare Messung der Oberflächenhärte möglich, und es besteht keine Gefahr infolge zu hoher Belastung die Einsatzschicht zu durchbrechen. Wird sie dennoch durchbrochen und werden folglich zu geringe Werte angezeigt, so war die Einsatzschicht nicht dick genug; man hat also gleichzeitig die Möglichkeit einer groben Prüfung der Einsatztiefe.

[1] Hersteller: Otto Wolpert, Ludwigshafen a. Rh., Gg. Reicherter, Eßlingen.
[2] Siehe Schrifttum Nr. 53 und 54.

Ein neues Gerät der Firma Reicherter ermöglicht die Prüfung der Härte in Bohrungen, auf den Meßflächen von Rachenlehren u. dgl. nach dem gleichen Verfahren.

Recht gut bewährt hat sich bei entsprechender Ausführung das Verchromen der Meßflächen, doch ist es nicht leicht, eine genügend dicke, haltbare Cr-Schicht aufzubringen, besonders bei nicht ganz einfachen Formen, weil dann die Schicht ungleichmäßig dick wird. Deshalb begnügt man sich oft mit einer dünneren Schicht (etwa 10 μ) und arbeitet die Meßfläche nicht nach. Die abgenutzte Lehre kann dann mehrfach entchromt und wieder aufgechromt werden.

Es möge noch erwähnt werden, daß alle Lehrenteile entmagnetisiert sein müssen, um das Anhaften kleiner Eisenspäne und Zerkratzen der Meßflächen zu vermeiden und um das Ineinanderstecken zusammengehörender Teile (z. B. Hilfsdorne) zu erleichtern.

b) Oberflächengüte. Die für die Feinmeßflächen notwendige Oberflächengüte wird durch Feinläppen auf einem dichten Gußeisen mit geeigneten Läppmitteln (Polierrot, Chromoxyd) erzeugt, die immer dünner und stets gleichmäßig verteilt aufgetragen werden. Für dünne Bohrungen werden an Stelle von Gußeisen auch passende Kupferdorne benutzt. Für die Kennzeichnung der Oberflächengüte solcher Feinmeßflächen wird allgemein in Erweiterung von DIN 140 das Zeichen ▽▽▽▽ benutzt.

Mit dem Herstellen der hohen Oberflächengüte wird das Justieren verbunden; hierbei wird nicht nur das genaue Maß, sondern auch Parallelität, Ebenheit usw. erzeugt. Der Arbeitsgang konnte bislang außer bei Endmaßen durch keine maschinenmäßigen Hilfsmittel vollkommen ersetzt werden, er erfordert hohe Handgeschicklichkeit, feines Meßgefühl und eine bestimmte Veranlagung.

Es ist mit viel Verständnis und Liebe zur Sache bei sorgfältiger Menschenauswahl gelungen, in verhältnismäßig kurzer Zeit Leute aus ganz anderen Berufen soweit zu bringen, daß sie einfache Lehren in recht guter Ausführung herstellen konnten. Hierbei verblieben von 70 ausgesuchten Leuten etwa 10 in der Lehrenwerkstatt.

Die hohe Oberflächengüte ist notwendig, weil dann, wenn beide Teile — Werkstück und Lehre — rauh sind, das Meßgefühl ganz außerordentlich beeinträchtigt wird. Ferner läßt sich eine weniger gute Meßfläche nicht so genau messen und nutzt sich infolge der „Berge und Täler" schneller ab. Außerdem wird durch das Läppen die beim Schleifen entstehende dünne „Weichhaut" entfernt. Bei groben Toleranzen genügt Feinschleifen mit Schleifscheiben von der Körnung 200 und darüber.

Die Kanten der Meßflächen werden meist mit dem Ölstein leicht gebrochen, wenn nicht die Konstruktion größere Fasen erfordert.

Die Oberflächengüte der übrigen Lehrenflächen ist der Gegenstand großer Meinungsverschiedenheiten. Von der einen Seite wird darauf hingewiesen, daß in der Werkstatt ein sauber gearbeitetes Meßgerät sorgfältiger behandelt wird als ein ruppig aussehendes; andererseits muß gesagt werden, daß im modernen Maschinenbau nicht für das Auge, sondern in erster Linie technisch richtig und wirtschaftlich konstruiert wird, und daß die gute Behandlung der Betriebsmittel nichts weiter erfordert als eine entsprechende Erziehung der Arbeiterschaft.

Skalenflächen und Markenfenster dürfen keinen Glanz zeigen, die Strichrichtung darf nicht parallel zu den Markenstrichen verlaufen. Hierfür hat sich eine matte Verchromung oder Strahlen mit feinen Stahlspänen ausgezeichnet bewährt, soweit nicht die Bauart der Lehre, wie bei Schieblehren, dies verbietet.

c) Paßstifte. Zum Festlegen der einzelnen Lehrenteile gegeneinander werden zylindrische Paßstifte benutzt. Kegelige Stifte haben sich nicht bewährt, weil der einwandfreie Sitz bei geringen Winkelabweichungen in Frage gestellt ist und die Gefahr besteht, daß der Stift nicht fest genug eingetrieben wird, wenn etwas zu tief gerieben worden ist. Der gute Sitz der Paßstifte ist sehr wichtig für die Maßbeständigkeit der Lehre und wird nach besonderen Verfahren sorgfältig nachgeprüft.

d) Schutzüberzüge. Neben metallischen Überzügen (Verchromen) werden Farben und Lacke zum Schutz gegen Rosten und zur Kennzeichnung der Lehrenarten benutzt. Einbrennlacke können im allgemeinen wegen der hierzu notwendigen Erwärmung nicht benutzt werden. Zur Kennzeichnung werden beispielsweise die rote Farbe bei Ausschußlehren, andere Farben für die verschiedenen Gütegrade der DIN-Passungen verwendet. Die Lacke und Farben müssen so hart werden, daß bei gewöhnlichem Gebrauch mechanische Beschädigungen und Abgreifen nicht eintreten.

e) Beschriftung. Das Maß der Lehre, der Verwendungszweck (Nummer), die Bezugstemperatur, Hersteller und Eigentumsvermerke werden auf die Lehre geschriftet. Die Beschriftung wird durch Gravieren (nur bei weichen Teilen) oder Ätzen aufgebracht. Das Beschriften mit Schlagbuchstaben oder durch Pressen oder Walzen erzeugt Spannungen und Maßveränderungen und wird daher in guten Lehrenwerkstätten nicht angewendet. Markenstriche werden entweder geätzt oder mit dem Stichel oder Diamant gezogen. Für Mengenfertigung von Teilungen ist ein photographisches Ätzverfahren im Gebrauch, das auch für die Beschriftung benutzt werden kann und praktisch verzugfrei arbeitet.

8. Allgemeine Richtlinien für den Entwurf von Lehren.

Die wichtigsten allgemeinen Gesichtspunkte, die beim Entwurf einer Lehre beachtet werden müssen, sind folgende:

a) Fertigung,
b) Wärmebehandlung,
c) Vermessung der Lehre,

d) Handhabung,
e) Lebensdauer,
f) Instandhaltung und Nacharbeit.

a) Fertigung. Zur Einrichtung einer Lehrenwerkstatt gehören:

Werkzeugmaschinen: Mechanikerdrehbänke, z. T. mit Leitspindel; bei größeren Stückzahlen der gleichen Lehrenart Revolverdrehbänke; Universalfräsmaschinen; Bohrmaschinen; Hobelmaschinen, insbesondere Kurzhobler; Stoßmaschinen; Flächenschleifmaschinen; Rundschleifmaschinen; Innenschleifmaschinen; Lehrenbohrwerke oder statt dessen sehr genaue Kreuzschlitten und Rundtische in Verbindung mit sehr guten oder besonders hergerichteten Senkrecht-Fräsmaschinen; Gewindeschleifmaschinen; Rachenlehrenschleifmaschinen; Profilschleifmaschinen; Läppmaschinen; Graviermaschinen für Beschriftung; Teilmaschinen.

Vorrichtungen: Möglichst vielseitige Zusatzeinrichtungen zu Werkzeugmaschinen, verstellbare Aufspannwinkel, Aufspannböcke, Magnetfutter, Teilköpfe, Spanndorne, Spannfutter usw.

Werkzeuge: Handelsübliche und genormte Maschinen- und Handwerkzeuge.

Meßeinrichtungen: Handelsübliche Meßgeräte aller Art, insbesondere für jeden Lehrenbauer ein Satz Endmaße, ferner Dorne, Winkel, Meßmikroskope, Schieb- und Schraublehren, Meßuhren, ebene Platten, Härteprüfgeräte usw.

Sonstige Einrichtungen: Härterei mit Härte-, Glüh- und Anlaßöfen, Bottiche für Abschreckflüssigkeit sowie Ätzeinrichtungen, Hart- und Schmuckverchromungsanlagen usw.

Mit diesen Einrichtungsmitteln in größerer oder geringerer Vollzähligkeit hat der Lehrenkonstrukteur zu rechnen und darüber hinaus möglichst keine Ansprüche zu stellen, denn Sonderwerkzeuge oder -vorrichtungen werden bei Einzelfertigung ganz dem Preis der Lehre zugeschlagen. Es wird sich nicht immer vermeiden lassen, daß einfache Hilfsmittel für die Fertigung oder Vermessung besonders angefertigt werden: ein Aufnahmedorn, ein Meßklotz, eine Anreißvorrichtung, ein Aufriß auf einer Zinkplatte für das Projektionsverfahren. Diese Hilfsmittel werden aufbewahrt und bei Gelegenheit wieder benutzt.

Nach Möglichkeit muß auf maschinenmäßige Bearbeitung Bedacht genommen werden, doch wird im Lehrenbau viel — manchmal noch zu viel — Handarbeit ausgeführt. Beispielsweise können mehrere gleiche Formlehren mit einem Schabestahl besser und schneller vorgearbeitet und mit einer einfachen Läppvorrichtung justiert werden, als durch freihändiges Feilen und Läppen. Lehren, zumal Sonderlehren, werden meist in Einzel-, selten in Reihenfertigung hergestellt. Deshalb muß ein ganz anderer Maßstab angelegt werden als etwa an massenfertigungsreife

Gerätteile, und man wird nicht eine Lehre für den Gebrauch auch nur um eine Kleinigkeit unzweckmäßiger entwerfen, nur um einen Feilstrich zu sparen. Während man bei Massenfertigung anstrebt, daß die Teile möglichst fertig von der Maschine kommen und als einzigen Handarbeitsgang das Entgraten zuläßt, wird im Lehrenbau die Handarbeit nie ganz entbehrt werden können.

Für die fertigungstechnische Beurteilung eines einzelnen Lehrenteiles muß in noch viel stärkerem Maße als bei Gerätteilen darauf hingewiesen werden, daß der hohe Preis seinen Grund in der Genauigkeit hat. Ebenso wie auf den Schneiden der Werkzeuge der Erfolg eines Unternehmens beruht, stellen die Meßflächen der Lehren einen großen Teil des aufgewendeten Kapitals für eine Fertigungseinrichtung dar, sie sind aber auch ausschlaggebend für die Genauigkeit und Güte der Erzeugnisse.

Es ist also vom fertigungstechnischen Standpunkt aus zu unterscheiden zwischen der Formgebung der Meßflächen und der der übrigen Flächen. Das gleiche wie für Meßflächen gilt in diesem Zusammenhang natürlich auch für Funktionsflächen, wie Lagerstellen für Hebel, Markenrisse, Teilungen, die genau ausgeführt sein müssen.

An den teuersten Stellen der Lehre lohnt sich einige Überlegung, wie mit vorhandenen Genauigkeits-Schleifmaschinen und geringer Justierarbeit auszukommen ist, anstatt sich ganz auf die Kunst des hochwertigsten Arbeiters, den es gibt, zu verlassen.

Der einfachste Aufbau einer Lehre und die einfachste Gestaltung der Einzelteile ermöglichen nicht nur einfache Fertigung und große Genauigkeit, sondern ergeben meist auch meßtechnisch die beste Konstruktion. Bekanntlich ist es sehr oft leichter, eine sinnreiche, verwickelte Einrichtung zu ersinnen, als mit den einfachsten Mitteln das gewollte Ziel zu erreichen.

Ein Mittel zur Vereinfachung der Einzelteile und der Meßflächen ist die Unterteilung. Wie weit damit gegangen werden darf, ist Sache des konstruktiven Gefühls und der Erfahrung; ein Aufbau aus allzu vielen Stücken macht das Ganze unstarr.

Die Unterteilung ist zu empfehlen, wenn dadurch eine große Anzahl von Meßflächen an e i n e m Teil vermindert und somit die Ausschußgefahr an einem hochwertigen Teil verringert wird oder wenn an Herstellungsgenauigkeit gespart wird. Dies ist beispielsweise dann der Fall, wenn an der Lehre Abb. 50 die Leisten aufgeschraubt, nach Endmaßen auf den genauen Abstand gebracht und dann durch Paßstifte gesichert werden. Die Fertigung dieser Lehre aus einem Stück dagegen würde viel mehr hochwertige Genauigkeitsarbeit erfordern.

Die Schwierigkeiten wachsen nicht nur mit kleiner werdender Herstellungstoleranz, sondern auch mit der Größe der Meßflächen. Es ist sehr schwierig, große Flächen genau eben herzustellen, weil auch bei vorzüglicher Kühlung während des Schleifens eine geringe Erwärmung nicht zu vermeiden ist, die Verziehen zur Folge hat, und weil die Teile beim mechanischen oder magnetischen Aufspannen stets geringen elastischen Formänderungen unterliegen; beim Aufhören der Spannkräfte wird die eben geschliffene Fläche uneben. Spannt man beispielsweise eine Platte auf den Magnettisch einer Flächenschleifmaschine, so würde das „Verspannen“ nur dann nicht eintreten, wenn sowohl der Magnettisch, als auch die Unterseite des Werkstückes vollkommen eben wäre. Jenes wird bei guten Maschinen mit möglichster Vollkommenheit angestrebt, dieses ist unmöglich, denn es soll ja erst auf der anderen Seite der Platte eine genaue Ebene erzielt werden. Dreht man nach dem Schleifen die so verworfene Platte um und schleift die andere Fläche, so machen sich die durch das Verspannen hervorgerufenen Unebenheiten wiederum mehr oder weniger bemerkbar. Deshalb können große Flächen nur durch Unterkeilen und ganz vorsichtiges Spannen, mehrfaches Wenden und kleine Zustellung bei scharfgehaltener Scheibe oder aber durch Schaben (Handarbeit) eben gefertigt werden.

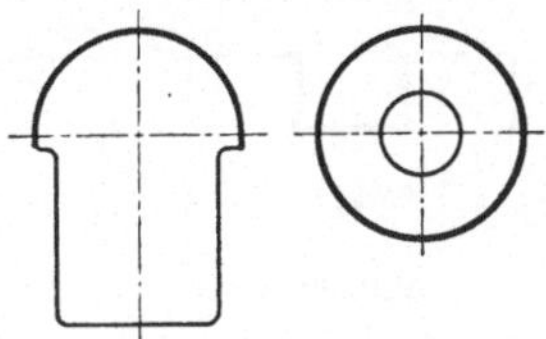

Abb. 87. Rundungslehre.

Zur Abhilfe empfiehlt es sich, große Flächen an den Stellen auszusparen, wo die Fläche nicht gebraucht wird. Der Arbeitsaufwand für die Aussparungen steht in keinem Verhältnis zu den erwähnten Schwierigkeiten und Kosten.

Abb. 87 zeigt links eine Rundungslehre, die viel Handarbeit nötig macht, rechts eine vereinfachte Form, die auf der Rundschleifmaschine fertiggestellt werden kann und zudem den Vorteil längerer Lebensdauer hat. Sie kann in einem Halter befestigt und nach Abnutzung ein Stück weitergedreht werden.

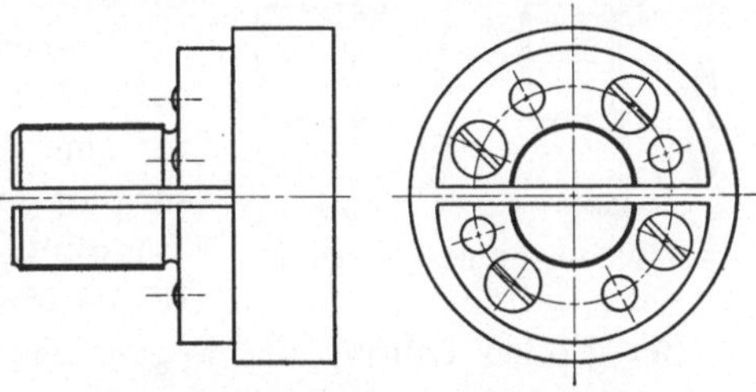

Abb. 88. Formlehre für ein Langloch.

Abb. 88 stellt eine Formlehre für ein Langloch dar, deren Meßflächen gleichfalls auf der Rundschleifmaschine erzeugt werden; die beiden Meßstücke werden auf der Grundplatte genau ausgerichtet und dann verstiftet. Wollte man die Lehre aus einem Stück fertigen, so wäre die gleiche Genauigkeit nicht erreichbar und der Preis betrüge das Vielfache gegenüber der dargestellten Ausführung.

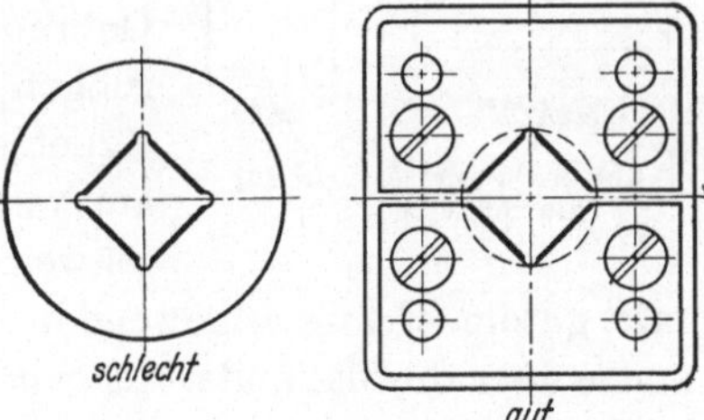

Abb. 89. Gutlehre für Vierkantzapfen.

Besonders unangenehm sind Durchbrüche und geschlossene Formen, die genau sein müssen, aber mit der Schleifscheibe nicht zugänglich sind. Abb. 89 stellt links eine geschlossene Vierkantlehre aus einem Stück dar. Die Ausführung rechts sieht zwar verwickelter aus, die Meßflächen können aber mit der Schleifscheibe bearbeitet und die Lehre dann mit Hilfe einer Gegenlehre oder Endmaßen zusammengesetzt werden.

Wenn bis an einen Ansatz heran geschliffen werden muß, so tritt in der Kehle eine stärkere Erwärmung auf, die eine Verminderung der Härte zur Folge haben kann. Die Kante des Schleifrades nutzt sich schnell ab und die Fläche wird ungenau und unsauber. Ferner sind Abweichungen von der geometrischen Form die Folge, weil das letzte Stück vor der Kehle nicht in der gleichen Weise vom Schleifrad bestrichen wird wie die übrige Fläche, infolgedessen bleibt hier mehr Werkstoff stehen.

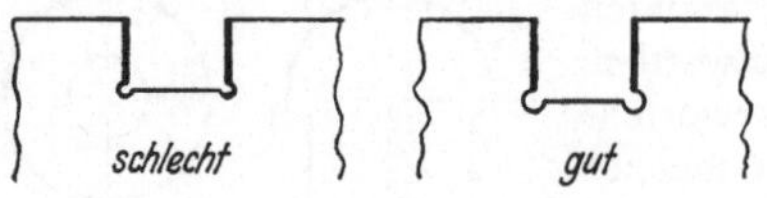

Abb. 90. Freiarbeitung an Meßrachen.

Deswegen müssen Meßflächen, soweit irgend möglich, freigearbeitet werden, damit die Scheibe auslaufen kann. Die Freiarbeitung soll möglichst groß sein (Abb. 90—92). Beim Schleifen der Stirnfläche in Abb. 91 links besteht die Gefahr, daß die Zylinderfläche des Zapfens verletzt wird.

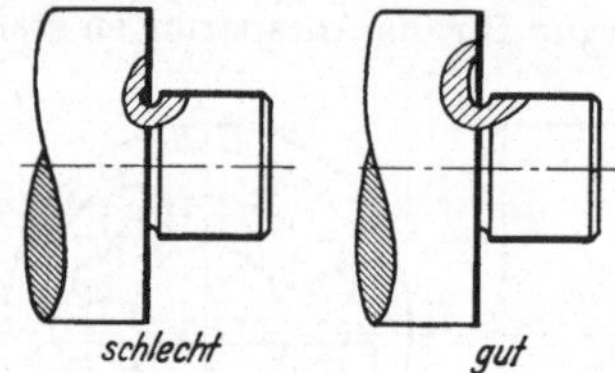

Abb. 91. Freiarbeitung an einem Dorn.

Müssen an Meßflächen die Kanten stark gebrochen werden, so ist eine Fase besser als eine Rundung, denn diese erfordert sorgfältige Arbeit am Übergang von der Rundung zur Meßfläche, damit die Meßfläche nicht verletzt wird.

Bei großen Lehren, die wegen der Handhabung leicht sein sollen, kann oft mit Vorteil eine Schweißkonstruktion gewählt werden. Doch ist hierbei einige Vorsicht geboten, wenn es sich um kleine Herstellungstoleranzen handelt. Die durch das Schweißen erzeugten Schrumpfspannungen können nur sehr schwer wieder vollkommen beseitigt werden, selbst wenn es möglich ist, die Schweißgruppe zu glühen. Die Spannungen lösen sich beim Lagern oder beim Gebrauch allmählich aus und rufen Maßänderungen hervor. Die Gasschmelzschweißung eignet sich wegen der größeren Schrumpfung am wenigsten für Lehren. Die Lichtbogenschweißung mit nackter Elektrode ist vielfach mit gutem Erfolg angewendet worden. Leider liegen planvolle Versuche über die Maßänderungen geschweißter Lehrenkonstruktionen noch nicht vor.

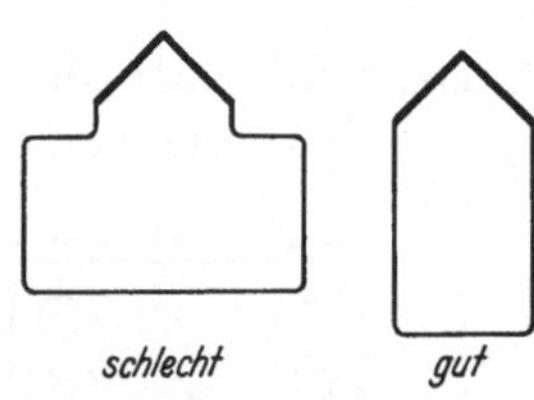

Abb. 92. Freier Auslauf für die Schleifscheibe.

b) Wärmebehandlung. An schroffen Querschnittübergängen treten beim Härten infolge der verschiedenen Abkühlgeschwindigkeit große innere Spannungen und häufig Brüche auf. Ein Beispiel für eine unvorteilhafte Konstruktion und einen Vorschlag zur Abhilfe zeigt Abb. 93. Von scharfkantigen Ecken und Kanten gehen häufig Spannungsrisse aus (Abb. 94 links). Die Härtespannungen sind oft auch durch Nachbehandlung kaum zu beseitigen und führen manchmal erst nach längerem Lagern oder beim Gebrauch zum Bruch, ohne daß äußere mechanische Beanspruchungen den Anlaß dazu geben.

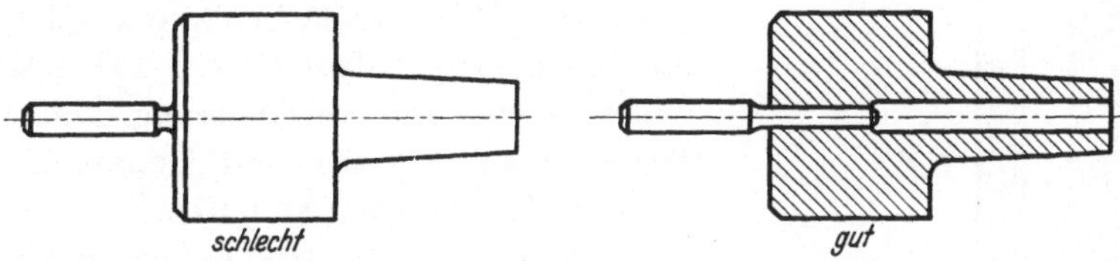

Abb. 93. Vermeidung schroffer Querschnittübergänge an gehärteten Teilen.

Muß an einem Teil nach dem Härten und Schleifen eine weitere Bearbeitung vorgenommen, z. B. ein Stiftloch gebohrt und gerieben

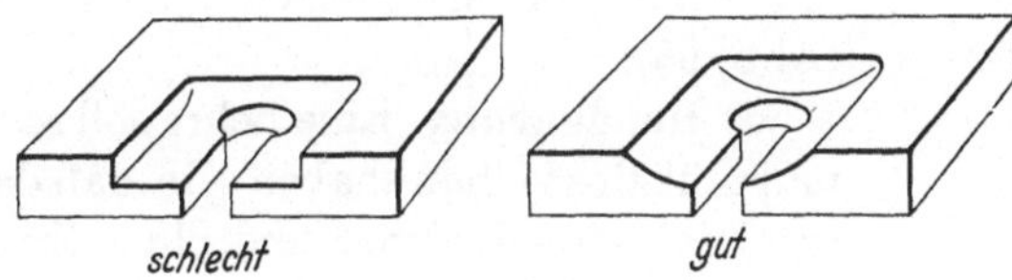

Abb. 94. Vermeidung von scharfen Ecken.

werden, so kann dies dadurch ermöglicht werden, daß Einsatzstahl verwendet und die aufgekohlte Schicht vor dem Härten an der Bearbeitungsstelle weggearbeitet wird. Bestimmte Stellen können auch durch Bedecken mit Lehm vor der Kohlenstoffaufnahme geschützt werden.

Abb. 95. Anreißen von Markenstrichen nach Endmaßen ohne Gegenlehre.

Ein Paßstift darf nicht zu nahe an die Meßfläche gerückt werden, weil dadurch deren Genauigkeit beeinträchtigt und Nacharbeit erforderlich wird. Manchmal kann der Gerätkonstrukteur helfen, indem er am Gerätteil Platz für ein genügend großes Meßstück schafft.

c) Vermessung der Lehre. Die Herstellungstoleranz, die einen großen Teil der Meßfehler ausmacht, ist unmittelbar von der Möglichkeit abhängig, die Lehre mit einfachen und genauen Hilfsmitteln zu messen. Das meistbenutzte und beste Meßmittel für Lehren ist das Parallelendmaß. Abb. 95 zeigt, wie eine Tiefenlehre durch Anbringen eines Durchbruches für die unmittelbare Messung mit Endmaßen eingerichtet werden kann. Ohne den Durchbruch müßten eine oder zwei Gegenlehren angefertigt werden; diese weisen größere Toleranzen auf als Endmaße.

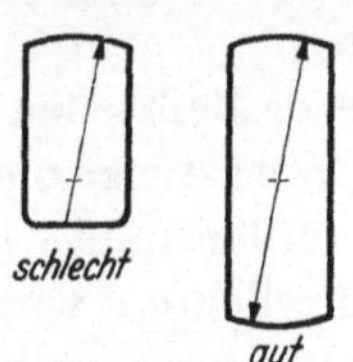

Abb. 96. Gegenpunkt beim Rundschleifen.

Abb. 97. Verlängerung der Meßfläche.

Bei einer Lehre, deren Meßfläche ein Stück von einem Zylinder bildet, ist es wertvoll, wenn zum Messen der Gegenpunkt stehenbleibt (Abb. 96). Häufig ist die Schaffung von besonderen Hilfsmeßflächen zweckmäßig, die nur der besseren Messung der Lehre selbst dienen, sowie die Verlängerung von Meßflächen über das für den Gebrauch notwendige Maß hinaus (Abb. 97).

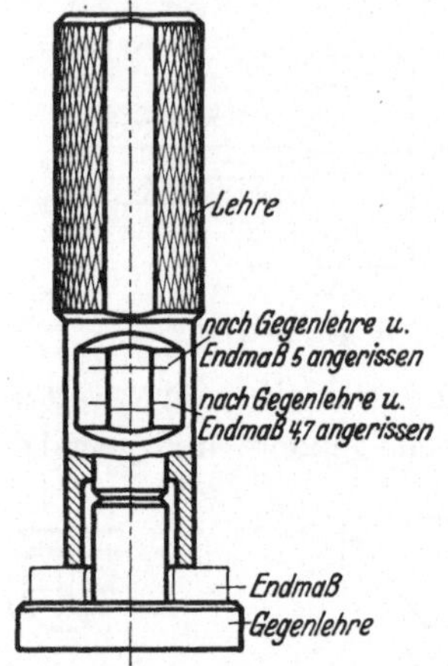

Abb. 98. Eine Gegenlehre statt zwei.

Kommt man ohne eine besondere Gegenlehre oder Einstell-Lehre nicht aus, so genügt für Grenzlehren nur eine Gegenlehre, wenn sie so gestaltet wird, daß die Grenzwerte mit Hilfe von Endmaßen gebildet werden (Abb. 98).

d) Handhabung. Eine Lehre soll so einfach und mühelos zu handhaben sein, daß das Meßergebnis schnell, sicher und ohne Ermüdung beim Messen vieler Stücke erzielt wird.

Das Werkstück oder die Lehre muß sich schnell und einfach in die Meßstellung bringen lassen und ebenso schnell und ohne zu klemmen oder zu ecken wieder entfernen lassen. In besonderen Fällen werden Handgriffe oder Aushebevorrichtungen vorgesehen. Das Einführen großer Lehrdorne oder Zentrierungen macht wegen des Eckens oft Schwierigkeiten und ist daher möglichst zu vermeiden. Bei kleinen Hilfslehren empfiehlt es sich oft, eine Vor-Führung anzubringen, wie in Abb. 99 angedeutet. Die Messung beginnt erst, nachdem die Flachlehre genügend Führung am Meßklotz hat.

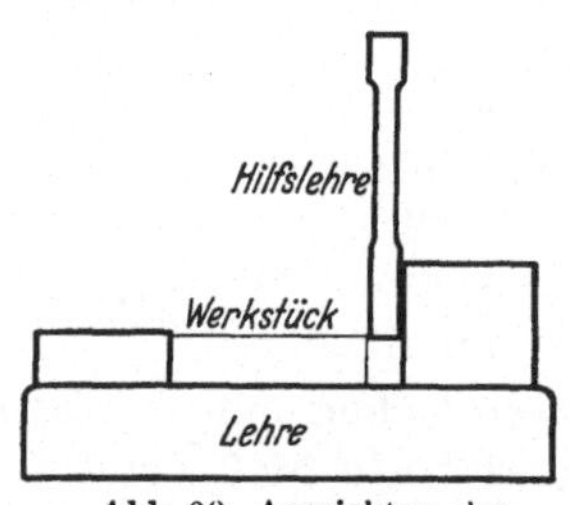

Abb. 99. Ausrichten der Hilfslehre an der verlängerten Meßfläche.

Häufig werden mehrere Messungen in einer Lehre vereinigt. Es wird an Meßzeit gespart, wenn Gut- und Ausschußseite hintereinanderliegen (Abb. 100).

Die Vereinigung zahlreicher Meßstellen zu einer Lehre empfiehlt sich nur, wenn die Stückzahl der Werkstücke nicht so groß ist, daß für jedes Maß ein Prüfer eingesetzt werden muß. Bei schwankender Fertigungsziffer werden am besten Einzellehren vorgesehen, die bei Bedarf in Haltern zusammengesetzt oder, wenn es sich um leichte Werkstücke handelt, auf dem Tisch zweckmäßig angeordnet und befestigt werden können.

Lehren, die an der Maschine oder am Arbeitsplatz benutzt werden, enthalten selbstverständlich nur die Meßstellen, die der einzelne Arbeiter braucht. Die Vielfachlehren für die Revision dürfen nicht zu umfangreich sein, damit nicht einzelne Meßstellen ausgelassen oder vergessen werden; außerdem ist zu bedenken, daß bei Ausfall einer solchen Lehre nicht so schnell Abhilfe geschaffen werden kann, wie wenn nur eine Einzellehre unbrauchbar geworden wäre.

Abb. 100. Gut- und Ausschußseite in einem Rachen vereinigt.

Gehören zu einer Lehre mehrere Hilfslehren (Dorne, Flachlehren usw.), so macht man sie entweder gleich oder, wenn dies nicht möglich ist, so deutlich verschieden, daß Verwechslungen ausgeschlossen sind. Bei der Unterscheidung der einzelnen Meßstellen (z. B. Gut und Ausschuß) sollte man sich nicht auf die Beschriftung der Lehre beschränken, sondern grob wahrnehmbare Merkmale anbringen (vgl. S. 64 u. 65, Abb. 56 u. 57, *B*). Ebenso wichtig sind Hinweise auf die Anwendung der Lehre, z. B. die Kenntlichmachung von Anlage- und Auflageflächen; hierbei genügt jedoch eine entsprechende Aufschrift.

Vorkehrungen, die die falsche Anwendung der Lehre verhindern, brauchen nur in besonders gelagerten Fällen getroffen zu werden, denn es kann bei Massenfertigung mit richtiger Anwendung gerechnet werden, wenn der Messende eingehend unterwiesen worden ist.

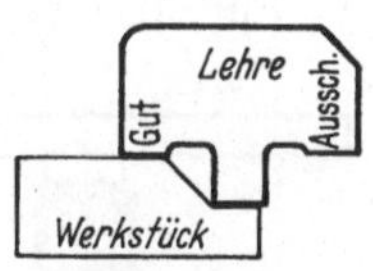

Abb. 101. Lehre mit einer zu kleinen Auflagefläche.

Lose Lehrenteile, Hilfsdorne, Hilfsmaße usw. brauchen nicht unbedingt vermieden zu werden, wie dies beim Vorrichtungsbau häufig angestrebt wird.

Lehren, die zum Messen in der Hand gehalten werden, dürfen nicht zu schwer und unhandlich, aber auch nicht zu klein sein, um das Meßgefühl nicht zu beeinträchtigen und den Messenden nicht vorzeitig zu ermüden. Hierzu gehört auch, daß ein Griff angebracht wird, an dem die Lehre bequem und sicher festgehalten werden kann. Wenn durch die übertragene Körperwärme Maßänderungen der Lehre eintreten können, muß die Griffstelle durch Holz- oder Preßstoffverkleidung wärmeisoliert werden. Für kleine Werkstücke, die an feststehender Lehre geprüft werden, und für scharfkantige Stücke sind geeignete Halter vorzusehen.

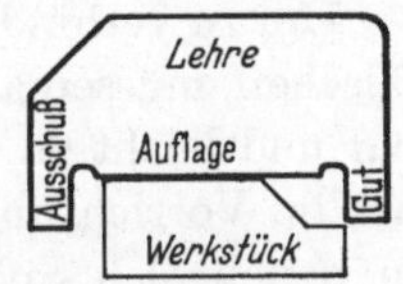

Abb. 102. Lehre mit großer Auflagefläche.

Schließlich soll eine Lehre so ausgebildet sein, daß sie möglichst unempfindlich gegen mechanische Beschädigungen ist und nicht schon beim Weglegen auf empfindliche Kanten zu liegen kommt. Sehr gut bewährt haben sich zum Ablegen, auch an der Werkbank, Holzklötze mit entsprechenden Aussparungen. Diese Klötze tragen zu sorgsamer Behandlung der kostspieligen Meßgeräte bei und sind mehr wert als eine blanke und teure Oberfläche an Stellen, wo sie nicht nötig ist.

Die Meßsicherheit wird durch die Bauart der Lehre sehr stark beeinflußt. Eine Lehre, die so kleine Auflageflächen hat, wie in Abb. 101

dargestellt, kann kein genaues Meßergebnis zeigen. Der Messende ist fast ausschließlich auf die Lichtspaltprüfung angewiesen, zu diesem Zweck müssen Werkstück und Lehre in Augenhöhe gebracht werden; wegen der weiten Entfernung der zu messenden Flächen voneinander macht sich eine etwa vorhandene Unparallelität der Werkstückflächen störend bemerkbar. Die Lehre nach Abb. 102 dagegen nutzt die ganze vorhandene Auflage am Werkstück aus; beim Verschieben der Lehre wird das Anstoßen mit dem Tastsinn erkannt.

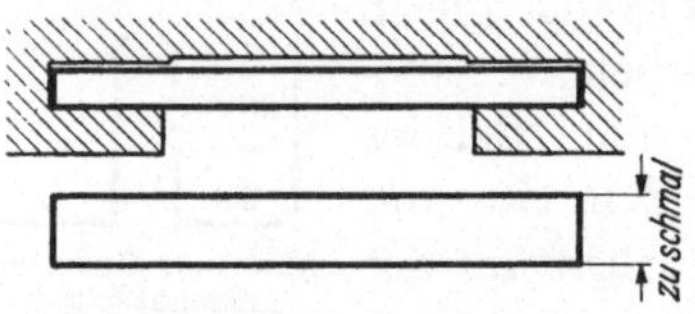

Abb. 103.
Unzweckmäßige Lehre für T-Nut.

Mit der Lehre nach Abb. 103 soll die Breite einer T-förmigen Nut geprüft werden. Die viel zu schmale Lehre eckt beim Hindurchschieben und ermöglicht nicht eine genaue und schnelle Prüfung. Wird die Lehre nach Abb. 104 ausgebildet, so läßt sie sich an jeder Stelle des Werkstückes mühelos einschwenken. (Sie prüft aber nicht die Geradheit der Führung!)

Für lose Lehrenteile, besonders Hilfsdorne, die beim Meßgang eingeführt oder hin- und herbewegt werden müssen, ist eine ausreichende Führung vonnöten, die mindestens 1,5 bis $2 \cdot d$ (d = Durchmesser oder Dicke) betragen muß.

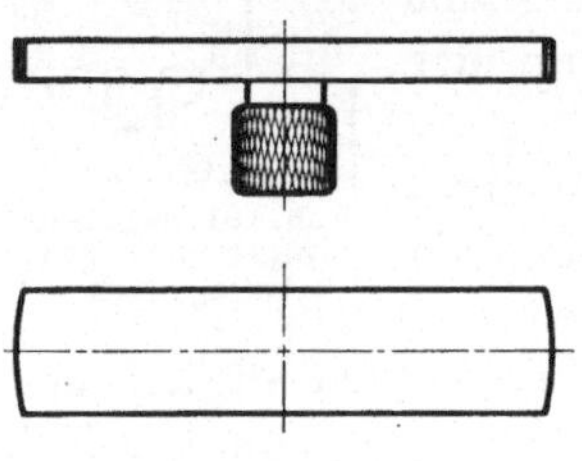
Abb. 104.
Schwenklehre für T-Nut.

Abb. 105 zeigt, wie bei einer großen Rachenlehre die Meßsicherheit dadurch erhöht werden kann, daß die Stirnfläche des Werkstückes als Auflage für die Lehre benutzt wird. Die Lehre wird aufgelegt und über das Werkstück herübergezogen.

Um zu verhindern, daß Späne oder Schmutzteilchen das Meßergebnis fälschen, müssen alle Auflage-, Anlage- und Meßflächen zugänglich, sichtbar und leicht zu reinigen sein. Es sei an die Möglichkeit erinnert, von der im Vorrichtungsbau oft Gebrauch gemacht wird, Nuten vorzusehen, in denen sich Späne und Schmutz ohne Schaden ansammeln können.

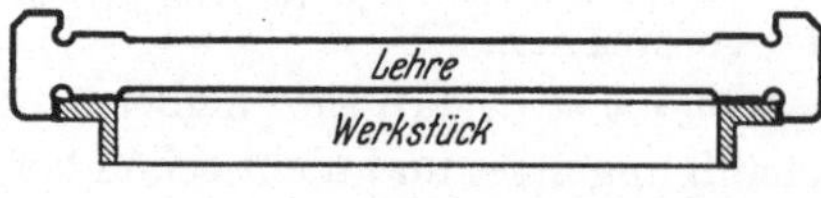

Abb. 105.
Große Rachenlehre mit Auflageflächen.

Kleine Werkstücke und solche, die mit der Hand nicht sicher in der Meßlage gehalten werden können, müssen festgespannt werden. Hierzu können Exzenter, Schraube, Keil usw. benutzt werden. Die Spannmittel dürfen nicht zu kräftig sein, damit Lehre und Werkstück nicht verformt werden. Aus diesem Grunde werden beispielsweise Schraubengriffe häufig ohne Kordelung ausgeführt.

Paßstifte zum Festlegen von angeschraubten Einzelteilen werden möglichst weit auseinandergesetzt.

Die Lehre nach Abb. 106 ist nur für sehr große Toleranzen geeignet, weil infolge der starken Abrundung des Werkstückes der Vergleich mit den Markenstrichen der Lehre sehr ungenau wird. Im übrigen darf vom Messenden nicht allzu genaues Sehen verlangt werden, besonders sollen Markenstriche nicht zu dicht beieinanderstehen; wird die Aufmerksamkeit in irgendeiner Weise zu scharf angespannt, so sind vorzeitige Ermüdung und Meßunsicherheit die Folgen.

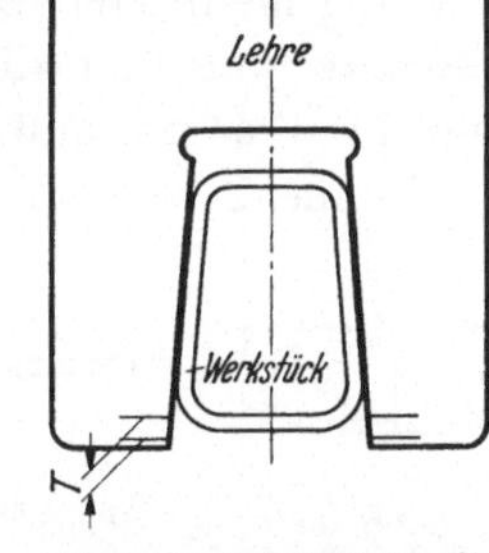

Abb. 106. Werkstück mit stark gerundeten Kanten.

e) **Lebensdauer.** Die beste Maßnahme, um die Lebensdauer der Lehren zu erhöhen, ist sachgemäße Behandlung, und das ist eine Frage der Erziehung derjenigen, die mit den Lehren umgehen.

Eine Lehre wird unbrauchbar durch Abnutzung der Meßflächen oder beweglichen Teile oder durch mechanische Beschädigung, Verbiegen oder Abbrechen von Teilen.

Das bereits mehrfach erwähnte Härten, Verchromen, oder die Verwendung von Hartmetallen für Meßflächen, erhöht nicht allein die Abnutzungsfestigkeit, sondern auch die Widerstandsfähigkeit gegen Beschädigung der Oberfläche.

Daneben kann auch der Konstrukteur zur Erhöhung der Lebensdauer beitragen. Je kleiner die Meßfläche ist, desto schneller nutzt sie sich ab. Deshalb werden sehr kleine Meßflächen möglichst so ausgebildet, daß sie schnell ersetzt werden können. (Außerdem sind sehr kleine Meßflächen auch schwieriger zu fertigen.) Gleitende Reibung bewirkt schnellere Abnutzung als rollende. Ein gutes Beispiel bietet die Gewinderollenlehre, die ein Mehrfaches an Lebensdauer gegenüber der Gewinderachenlehre mit Kimme und Spitze hat (abgesehen von der viel größeren Meßfläche). Ihr einziger Nachteil ist, daß sich durch Zufall einzelne Stellen des Rollenumfanges und der Flanke stärker abnutzen können und diese Stellen bei der Nachprüfung schwer zu erkennen sind. Doch hat sich dieser Nachteil bisher noch nicht störend bemerkbar gemacht.

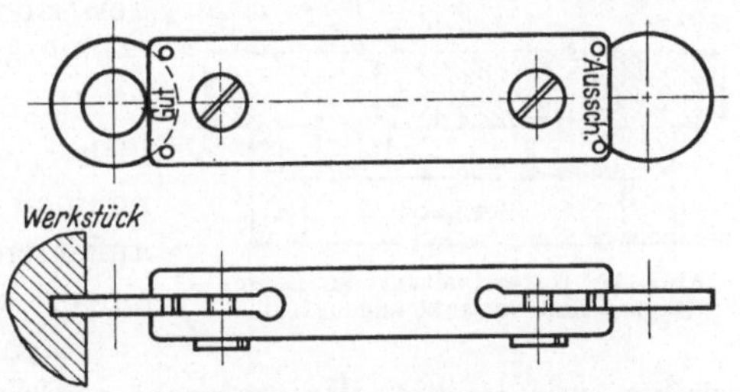

Abb. 107. Grenzlehre für die Breite einer Scheibenfedernut.

Gewindelehrdorne nutzen sich vorn am schnellsten ab. Bildet man den Gewindekörper so aus, daß er auf dem Griff umgedreht werden kann, so kann die Lehre länger benutzt werden.

Wird beim Messen die ganze Länge der Lehre eingeschraubt, so muß man sich darüber klar sein, daß mit der sich nach vorn bis zur Abnutzungsgrenze verjüngenden Lehre größere Steigungsfehler nicht erkannt werden.

Abb. 107 zeigt eine Lehre für die Breite einer Scheibenfedernut, die einfach zu fertigen ist und bei der die Meßstücke nach der Abnutzung mehrmals versetzt werden können. Die Bohrung gibt an der Gutseite ungefähr die Tiefe der Nut an, bis zu der sich die Lehre einführen lassen muß.

Dünne Zapfen und Dorne brechen beim Gebrauch leicht ab. Bei Abb. 108 ist auf den Schleifeinstich verzichtet und ein großer Übergang auf den dickeren Durchmesser geschaffen. Abb. 109 zeigt einen von den vielen bekannten Haltern für dünne Lehrdorne, die sich gut bewährt haben; der Meßdorn ist ein Stück Draht mit genauem Durchmesser, das billig ist und schnell ersetzt werden kann.

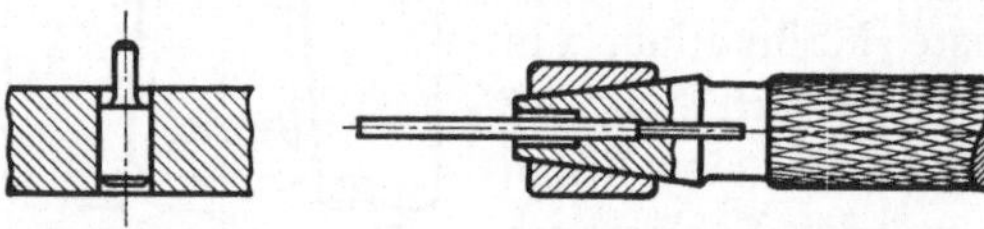

Abb. 108. Befestigung eines dünnen Zapfens.

Abb. 109. Halter für dünnen Lehrdorn.

f) Instandhaltung und Nacharbeit. Bohrungen für Hilfsdorne und bewegliche Teile werden mit Rücksicht auf die Instandsetzung mit gehärteten Buchsen versehen. Die Buchsen haben auch den Vorzug, daß der Lehrenkörper an der Stelle nicht gehärtet und nicht gleich verworfen zu werden braucht, wenn eine Bohrung „verrutscht“ ist, der Lehrenbauer kann sich dann durch Größerbohren helfen.

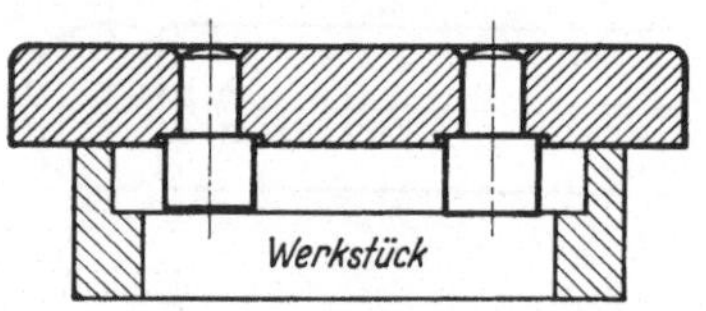

Abb. 110. Instandhaltung der Lehre, Zapfen sind versenkt angeordnet.

Paßstifte setzt man nicht in Sacklöcher, weil dadurch das Auseinandernehmen erschwert wird. Muß der Stift aufsitzen, so bohrt man das Loch mit einem kleineren Durchmesser durch.

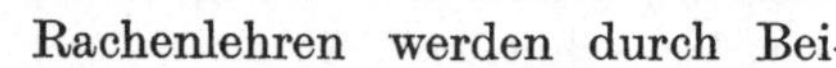

Rachenlehren werden durch Beitreiben mit leichten Hammerschlägen und Nachjustieren instand gesetzt. Liegen „Gut“ und „Ausschuß“ hintereinander, so muß allerdings die weniger abgenutzte Ausschußseite ebenfalls nachjustiert werden. Durch diese Art der „Instandsetzung“ werden Spannungen hervorgerufen, die dauernde Maß- und Formänderungen zur Folge haben. Deshalb müssen diese Lehren wieder künstlich gealtert und besonders sorgfältig überwacht werden.

Bei der Tiefenlehre (Abb. 110) sitzen die Stifte in Senkungen auf; nach dem Herausdrücken der Stifte können Lehrenplatte und Stifte sehr oft nachgearbeitet werden.

9. Lehrenarten.

Die Arbeitslehre wird an der Werkzeugmaschine oder an der Werkbank gebraucht. An jedem Arbeitsplatz müssen Lehren für diejenigen tolerierten Maße vorhanden sein, die an diesem Arbeitsplatz entstehen. Meist werden nur für tolerierte Maße, Formen und für solche Maße Arbeitslehren vorgesehen, die sich nicht mit handelsüblichen Meßmitteln prüfen lassen. Die Arbeitslehre muß sich in dem Fertigungszustand, den das Werkstück an dem betreffenden Arbeitsplatz erreicht, anwenden lassen. Oft ist es notwendig, daß sie sich zur Prüfung des Werkstückes in eingespanntem Zustand eignet; dies ist aber nicht immer erforderlich und durchführbar. Beispielsweise wird bei Fräsvorrichtungen ein Probestück gefertigt, herausgenommen, geprüft und dann, soweit nötig, die Einstellung der Maschine berichtigt. Die früher häufig benutzten Einstellanschläge und Hilfsmeßflächen an Vorrichtungen werden nur noch selten angewandt. Nach beendeter Einstellung dient die Lehre nur zur Überwachung der Maschine und des Abnutzungszustandes der Werkzeuge.

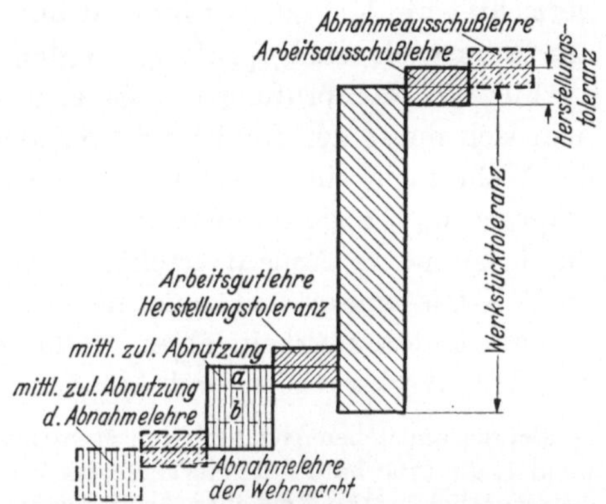

Abb. 111. Herstellungstoleranz und Abnutzung der Lehren, ISA-Toleranzsystem, 5.—8. Qualität, Bohrungslehren.

Zu den Arbeitslehren zählen auch die Vormaßlehren, die eine Bearbeitungszugabe für spätere Arbeitsgänge: Reiben, Schleifen, Ziehschleifen, Läppen usw. berücksichtigen.

Nach mehreren Arbeitsgängen kommt das Werkstück in die Zwischenrevision, die bei wertvollen Teilen verhindern soll, daß entstandener Ausschuß weiter bearbeitet wird, und nach Fertigstellung in die Werks- oder Endrevision. Hier erfolgt die Prüfung mit Revisionslehren, für die zumeist Arbeitslehren benutzt werden, die bereits etwas abgenutzt sind, aber die Abnutzungsgrenze noch nicht erreicht haben. Durch diese Maßnahme soll verhindert werden, daß Stücke, die mit der Arbeitslehre für gut befunden wurden, von der Revision als der Nacharbeit bedürftig zurückgewiesen werden.

Abb. 111 zeigt ein Beispiel aus dem ISA-Toleranzsystem für die Lage und Größe der Herstellungstoleranz und mittleren Abnutzung der Arbeitslehren. Es sei angenommen, daß die Arbeitslehre sich bis auf das Maß, das der Stelle *a* entspricht, abgenutzt habe und die Revisionslehre bei *b* liege. Der Lehrdorn *a* ist also dicker als der Lehrdorn *b*; läßt sich *a* in eine Bohrung einführen, so geht *b* bestimmt hinein. Bei Rachenlehren liegen die Verhältnisse spiegelbildlich: die Rachenlehre wird durch Abnutzung größer.

Werden besondere Revisionslehren gebaut, so können mehrere Maße in einer Lehre vereinigt werden. Auf die Anwendungsmöglichkeit am eingespannten Werkstück braucht hierbei natürlich keine Rücksicht genommen zu werden. Mitunter läßt sich die Arbeitslehre an dem inzwischen weiter bearbeiteten Stück nicht mehr anwenden, dann muß eine besondere Revisionslehre vorgesehen werden.

Unter Hilfslehren versteht man lose Teile von Lehren aller Art, die beim Meßgang gebraucht werden: Hilfs-Lehrdorne, -Flachlehren usw. (Beispiele zeigen die Abb. 75 und 99.)

Mit Werkzeuglehren werden Werkzeuge: Reibahlen, Gewindewerkzeuge, Formfräser, Formstähle und Werkzeuge für spanlose Formung geprüft. Oft kann dann auf die Messung des fertigen Werkstückes verzichtet werden, oder es braucht nur noch die richtige Lage der Form am Werkstück nachgeprüft zu werden.

Für die Nachprüfung der Erzeugnisse durch den Besteller bedient man sich meist der Revisionslehren der herstellenden Firma. Nur bei der Wehrmacht sind besondere Abnahmelehren in großem Umfange vorgesehen. Sie sind Eigentum des Bestellers und die Abnahme erfolgt durch besondere Abnahmestellen. Die Maße der Abnahmelehren sind im DIN-Passungssystem genormt. Sie entsprechen in neuem Zustand den abgenutzten Arbeitslehren, dadurch werden Auseinandersetzungen zwischen Werksrevision und Abnahme vermieden.

Bei der amtlichen Abnahme von Munition wird außerdem eine Gutlehre I verwendet, die innerhalb des Toleranzfeldes liegt und zur Schonung der Gutlehre II, der eigentlichen Abnahmelehre, dient. Dadurch wird erreicht, daß nur ein Teil der Werkstücke mit der Gutlehre II in Berührung kommt, und diese sich nicht so schnell abnutzt, wie es bei den harten Werkstücken zu erwarten wäre.

Im ISA-Toleranzsystem sind Abnahmelehren nicht enthalten, die Abnahmelehren der Wehrmacht liegen in neuem Zustand an der Abnutzungsgrenze der Arbeitslehren (Abb. 111). Ihre mittlere zulässige Abnutzung beträgt $\frac{3}{2}H$ (H = Herstellungstoleranz). Abnahmelehren werden nur im Abnahmeraum benutzt, sie können demgemäß Vielfachlehren sein und entsprechen dem Fertigzustand der Werkstücke.

Nicht zu verwechseln mit Revisionslehren sind die Prüflehren. Sie dienen zum Prüfen der Arbeits-, Revisions- und Abnahmelehren. Zu ihnen gehören die (genormten) Meßscheiben zum Prüfen von Rachenlehren.

Enthält die Prüflehre die Maße der abgenutzten Lehre, so bezeichnet man sie auch als Abnutzungsprüfer. Durch besondere Abnutzungsprüfer wird die Nachprüfung der Lehren, die ja in regelmäßigen Zeitabständen stattfinden soll, erleichtert. Geht der Abnutzungsprüfer hinein oder hinüber, so muß die Lehre instandgesetzt oder ausgeschieden werden. Zahlenwerte für die Lage und Größe der Herstellungstoleranz von ISA-Prüflehren sind durch das Normblatt DIN 7162 gegeben.

Nahe verwandt mit der Prüflehre ist die Gegenlehre. Sie dient nicht etwa zur Prüfung des Gegenstückes, sondern zur erleichterten Fertigung oder schnelleren und besseren Vermessung der Lehre und ist besonders dann am Platze, wenn eine größere Anzahl gleicher Lehren gebraucht wird. Bei verwickelten Lehren muß man sich Rechenschaft darüber ablegen, inwieweit mit der Gegenlehre die Richtigkeit der Lehre sichergestellt wird. Die Gegenlehre hat in den wesentlichen Punkten die Form des Werkstückes. Sie kann ferner zur Feststellung benutzt werden, ob eine Lehre, die verschickt oder rauh behandelt wurde, noch in Ordnung ist. Zu den Gegenlehren gehört auch die Einstellehre, wie sie bei-

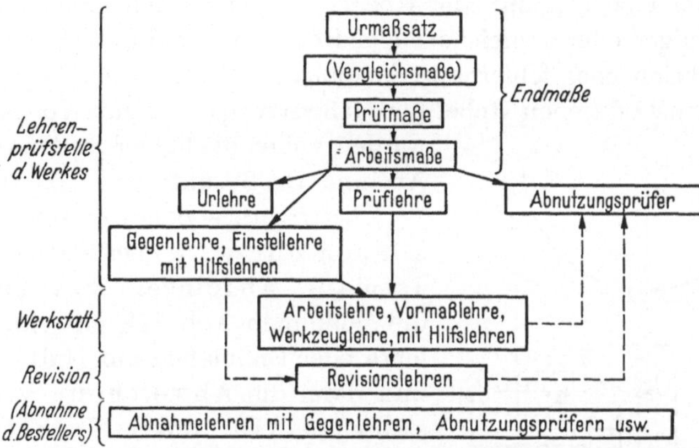

Abb. 112. Lehrenarten.

spielsweise zum Einstellen von Gewinderachenlehren, Schraublehren, Fühlhebeln oder Meßuhren benutzt wird.

Läßt sich die Gegenlehre schlecht vermessen, oder sind wegen sehr großen Lehrenbedarfes mehrere Gegenlehren erforderlich, so wird häufig eine Urlehre vorgesehen: eine Gegenlehre zur Gegenlehre.

Die Frage, in welchem Umfange Lehren der verschiedenen Arten (Abb. 112) vorzusehen sind, läßt sich in allgemeiner Form kaum beantworten. Sie hängt vom Umfang und der Art der Fertigung, dem zu erwartenden Lehrenverschleiß, der verlangten Genauigkeit, dem Zustand des Maschinenparks, der Fertigkeit der Arbeiterschaft, der Wichtigkeit der einzelnen Maße für die Brauchbarkeit des Gerätes und manchen anderen Bedingungen ab. Auf Arbeitslehren kann wohl oft verzichtet werden, wenn die Genauigkeit des Werkstückes durch eine Vorrichtung, die laufend überwacht wird, vollkommen sichergestellt ist. Während manche Betriebe auch für sehr grobe Toleranzen und für untolerierte und unwichtige Maße Lehren einsetzen, lassen andere solche Maße mit handelsüblichen Meßmitteln prüfen. Entscheidend ist hier nur die

Wirtschaftlichkeit des Verfahrens, Sicherheit und Zeitersparnis auf der einen, Ersparnis an teuren Sonderlehren auf der anderen Seite.

Abnutzungsprüfer sind dann angebracht, wenn die Prüfung der Lehre nicht einfach ist oder es auf sehr schnelle Prüfung ankommt; Voraussetzung ist aber ein Umfang der Fertigung, der den Verbrauch mehrerer Lehren erwarten läßt. Gegenlehren können die Konstruktion, die Fertigung und die Vermessung der Lehre außerordentlich erleichtern.

IV. Anhang: Ausgewählte Abschnitte aus dem Lehrenbau.

1. Hebelübertragungen.

Bei der Übertragung oder Übersetzung eines Meßwertes durch einen gleicharmigen oder ungleicharmigen Hebel können durch unzweckmäßige Konstruktion oder fehlerhafte Ausführung Fehler entstehen[1]. Da bei Lehrenkonstruktionen Hebel als Meßwertträger oft mit Vorteil benutzt werden, sollen die Fehlerquellen nach ihrer Art und Größe untersucht werden.

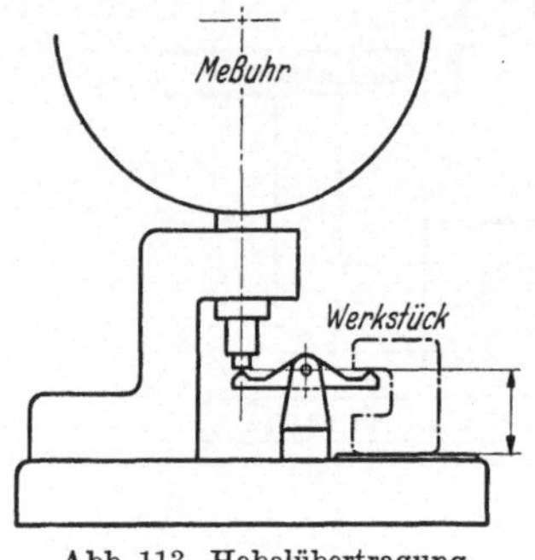

Abb. 113. Hebelübertragung.

Übertragungs- oder Übersetzungsfehler können nur wirksam werden, wenn Istmaße abgelesen werden. Wird die Meßuhr in Abb. 113 mit einer Gegenlehre oder Endmaßen auf Null eingestellt und dann die Abweichung vom eingestellten Maß für jedes Werkstück abgelesen, so würde eine fehlerhafte Konstruktion oder Fertigung des Hebels Meßfehler zur Folge haben. Werden dagegen beide Grenzwerte mit Gegenlehren oder Endmaßen eingestellt (Toleranzmarken), und beim Messen nur die Feststellung gemacht, ob das Werkstück innerhalb der Toleranz liegt oder nicht, so sind Hebelfehler unschädlich; von der Möglichkeit des Ablesens von Zahlenwerten an der Meßuhr wird kein Gebrauch gemacht, sie wird als Festmaß-Lehre benutzt.

Bei einem Meßwerk werden die einzelnen Glieder als Träger des Meßwertes nicht formschlüssig miteinander verbunden, sondern die stete Berührung durch schwache und möglichst gleichmäßige Federkraft bewirkt (Kraftschluß). Die Federkraft soll schwach sein, um Verbiegung und Abnutzung klein zu halten, sie soll über den ganzen Weg möglichst gleichmäßig sein, um die Abplattung an den Berührungsstellen und die Verbiegung stets gleich zu erhalten. Die Federkraft muß andererseits so groß sein, daß sichere Berührung und Mitnahme gewährleistet sind.

[1] Siehe auch Bochmann: Der Einfluß von Gelenklagerungen auf die Genauigkeit von Fühlhebeln. Dresden: Diss. 1931.

Auf die gute Lagerung von Meßwerkhebeln muß besonderer Wert gelegt werden, damit der Lagerzapfen in der Lagerbohrung möglichst wenig wandern kann. Spitzenlagerung empfiehlt sich wegen der schwierigen Fertigung und der starken Abnutzung nur bei Hebeln, die ganz besonders leichtgängig sein müssen. Im allgemeinen wird bei Lehren mit einer spielarmen, kräftigen und langen Zapfenlagerung auszukommen sein.

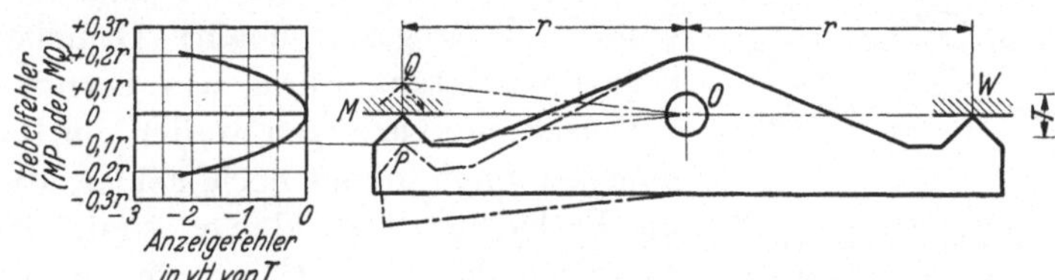

Abb. 114. Fehlerhafte Anzeige infolge Knickung der Hebelachse.

Durch verschiedene Kraft- und Reibungsverhältnisse an den Hebelenden kann bei größerem Lagerspiel eine schädliche Drehpunktverlagerung eintreten.

Zunächst sei als theoretische Grundlage der Hebel mit Spitzen oder Schneiden betrachtet, wie er in Abb. 114 vergrößert dargestellt ist. Auf der Werkstückseite *W* bewirke eine Toleranz *T* verschieden hohe Stellungen der (stets waagerechten) Fläche *W*. Damit eine g l e i c h g r o ß e (oder bei ungleichen Hebelarmen *r* v e r h ä l t n i s g l e i c h e) Bewegung der Fläche *M* auf der Meßseite (links) erzielt wird, muß die Verbindungslinie Schneide—Drehpunkt—Schneide *MOW* eine Gerade sein und nicht ein gebrochener Linienzug, wie z. B. *QOW* und *POW*. Das Schaubild zeigt die Fehlergröße in vH. der Toleranz als Funktion der Knickung. Der Meßfehler wächst angenähert mit dem Quadrat des Hebelfehlers.

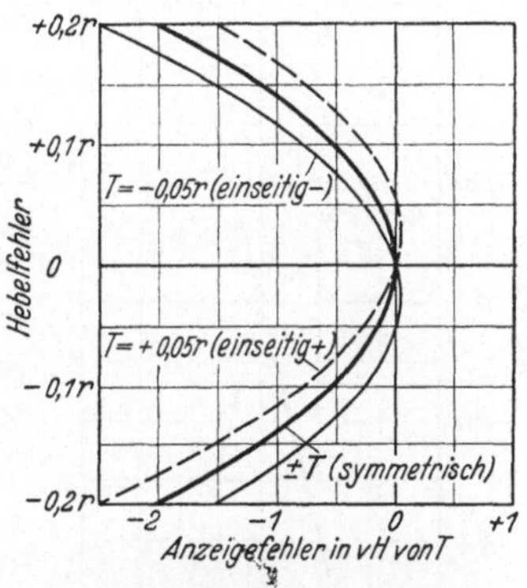

Abb. 115. Fehlerhafte Anzeige infolge Knickung der Hebelachse bei symmetrischer und bei einseitiger Abweichung von der Nullstellung.

Das Schaubild gilt auch für ungleicharmige Hebel und für beliebige Größe der (symmetrisch zur Grundstellung *W* liegenden) Toleranz. In Abb. 115 ist die Kurve in vergrößertem Maßstab (dick ausgezogen) herausgezeichnet. Die dünn gezeichneten Kurven stellen die Fehler bei positiver oder negativer Lage des Istwertes (im Beispiel + 0,05 und — 0,05 des Hebelarmes) zur Grundstellung dar. Für die Praxis interessieren nur diese Kurven, da nach dem eingangs Ausgeführten die vorliegende Untersuchung nur für Istmaß-Lehren von Bedeutung ist; sie weichen von der für symmetrische Toleranz angegebenen Kurve nur unwesentlich ab. Die Abweichung wird größer mit wachsendem $\frac{T}{r}$, d. h. mit wachsendem Schwenkwinkel.

Man könnte auf den Gedanken kommen, die Unsymmetrie des geknickten Hebels durch eine Verlagerung des Drehpunktes[1] zu beseitigen, wie Abb. 116 zeigt. Eine symmetrisch zu dieser (dick gezeichneten) Grundstellung liegende Toleranz würde als Ganzes verhältnisgleich übertragen werden, ein Istwert dagegen zeigt immer noch Fehler, die aber im Verhältnis viel kleiner sind, wie der Vergleich der Abb. 117 mit der im gleichen Maßstab gehaltenen Abb. 115 zeigt. Der Fehler kann hierbei auch positiv werden: es wird ein zu großer Wert angezeigt.

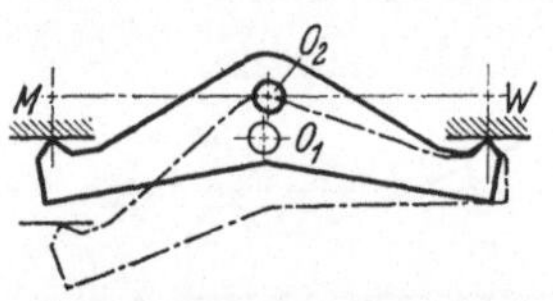

Abb. 116. Angenäherter Ausgleich des Hebelfehlers durch Verlagerung des Drehpunktes.

Ein weiterer Fehler kann dadurch entstehen, daß ein Tastbolzen auf der Werkstück- oder Meßseite schief steht (Abb. 118). Die Fehlergröße ist die gleiche wie bei geknicktem Hebel nach Abb. 114. Daraus folgt, daß eine Hebelknickung durch entsprechende Schiefstellung eines Taststiftes ausgeglichen werden kann und umgekehrt[2]. Ferner kann das Schiefstehen des einen Tastbolzens durch ebensolches Schiefstellen des anderen ausgeglichen werden.

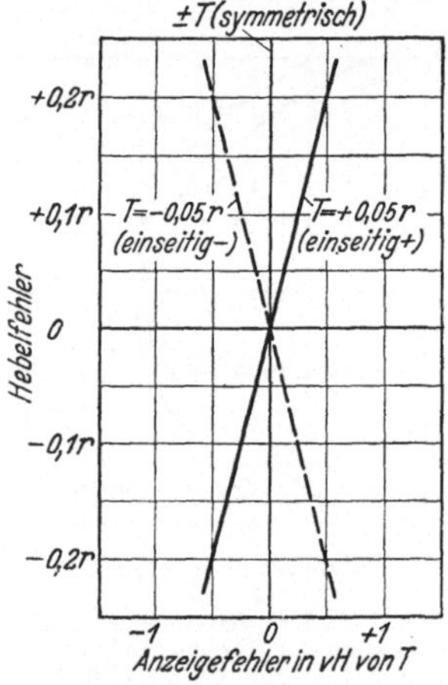

Abb. 117. Anzeigefehler eines durch Drehpunktverlagerung korrigierten geknickten Hebels.

Ein Hebel überträgt einen Meßwert verhältnisgleich, wenn es eine Stellung des Hebels gibt, in der die Bewegungsrichtungen der (parallelgeführten) Zu- und Ableitung auf den Verbindungslinien Drehpunkt — Schneide senkrecht stehen. Dies gilt auch für jeden beliebigen Winkelhebel.

Ein Schiefstehen des einen Tastbolzens aus der Zeichenebene heraus könnte durch gleichgroßes Schiefstellen des anderen Tastbolzens in der gleichen oder entgegengesetzten Richtung ausgeglichen werden.

Sind alle diese genannten Bedingungen erfüllt, ist aber die Anlagefläche für eine Schneide schief, wie Abb. 119 übertrieben zeigt, so ent-

---

[1] Oder der Nullstellung.

[2] Dann wird aus dem geraden Hebel ein Winkelhebel.

steht ein Fehler, der die gleiche Größe wie in Abb. 117 hat. Demgemäß wären wiederum Ausgleichsmöglichkeiten denkbar. Ebenso ließe sich der Fehler durch entsprechende (symmetrische) Schiefheit der anderen Schneidenanlage ausgleichen. Er ist aber recht klein, und die genügend genaue Fertigung der Schneidenanlagen macht keine Schwierigkeiten.

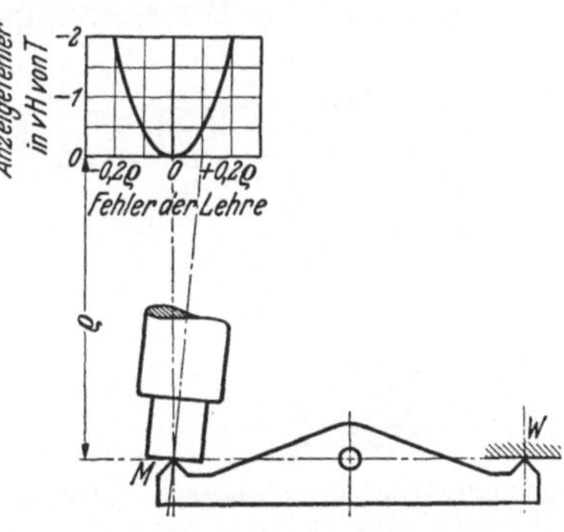

Abb. 118. Fehlerhafte Anzeige infolge Schiefstehens des Meßbolzens.

Bei Meßwerken werden Schneiden soweit wie möglich vermieden, weil eine theoretisch genaue Schneide nicht herstellbar und auch nicht haltbar ist. Man geht daher nach Möglichkeit noch einen Schritt weiter und sieht eine genügend große Rundung als Anlage vor (Abb. 120). Wie die Darstellung zeigt, geht die Wirkungslinie in jeder Hebelstellung durch den Mittelpunkt der Rundung, das ist die Stelle, an der sich bei den vorhergehenden Betrachtungen die Schneide befand. Die genannten Bedingungen für verhältnisgleiche Meßwertübertragung müssen demnach so abgewandelt werden, daß sie sich auf die **Mittelpunkte** der Rundungen beziehen. Die Rundungen können beliebig groß und auch am **gleichen Hebel verschieden groß sein**. Bei kleinen Winkelhebeln entsteht eine Nierenform (Abb. 121). In Abb. 122 sind die Rundungen nicht ausgearbeitet, sondern an den Hebelenden runde Stifte eingesetzt. Dies hat den Vorzug, daß die Rundungen genauer herstellbar sind.

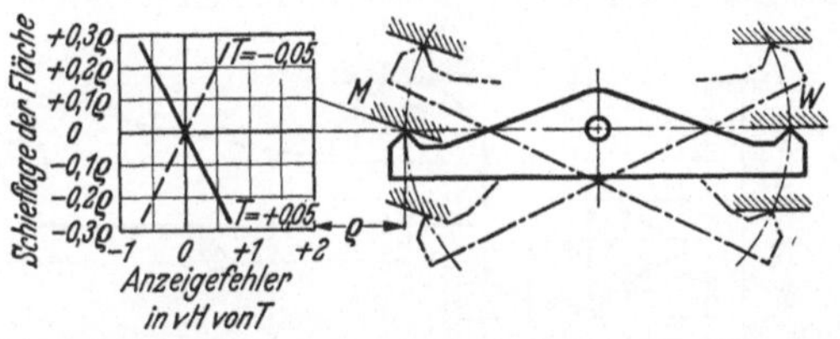

Abb. 119. Fehlerhafte Anzeige infolge Schieflage der Tastfläche.

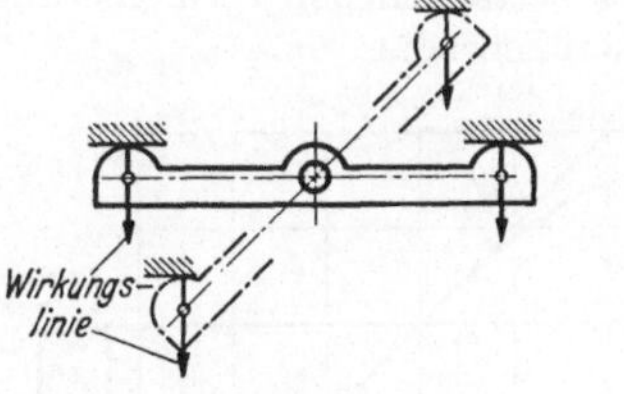

Abb. 120. Hebel mit zylindrischen Anlageflächen.

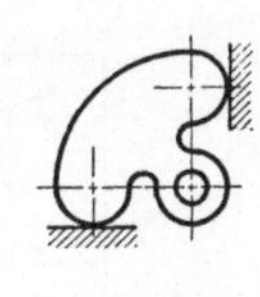
Abb. 121. Winkelhebel in Nierenform.

In Abb. 123 ist gezeigt, wie sich ungefähr eine Schneide abnutzt und man erkennt, daß die entstehende Rundung einer Hebelknickung gleichkommt und einen entsprechenden Fehler zur Folge hat.

Welchen Fehler eine ungenaue Rundung erzeugt, zeigt Abb. 124.

Als Beispiel ist bei den angenommenen Größenverhältnissen eine Abplattung der Kuppe von 1 und 2 mm im Sehnenmaß gewählt.

Die Fehler im Übersetzungsverhältnis, die von Fehlern der Hebelarmlänge herrühren, brauchen nicht besonders untersucht zu werden; sie sind unmittelbar verhältnisgleich dem Hebelfehler.

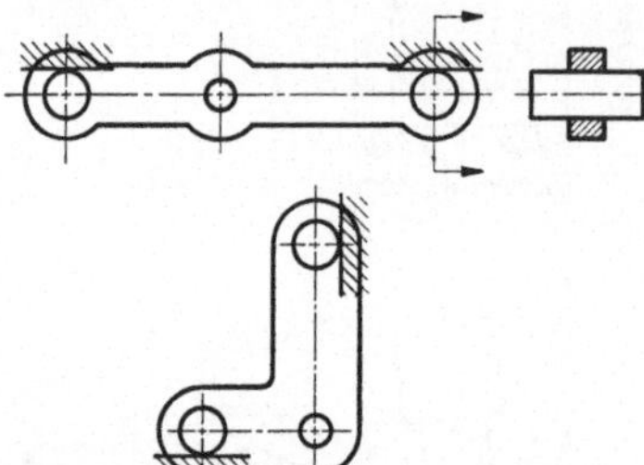

Abb. 122. Hebel mit eingesetzten Stiften.

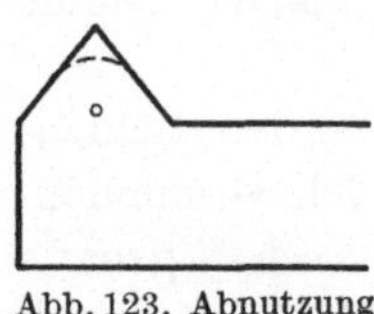

Abb. 123. Abnutzung der Schneide.

Aus den bisher angestellten Überlegungen geht hervor, daß eine Hebelkette nach Abb. 125 für Istmaß-Lehren nur sehr bedingt zu gebrauchen ist. Das Schaubild links zeigt die fehlerhafte Meßwertübertragung.

Wenn die Hebelkette aus der gezeichneten Lage ausschwenkt, so wird die wirksame Länge des langen Armes am ersten (rechten) Hebel verkürzt, die Wirkungs-

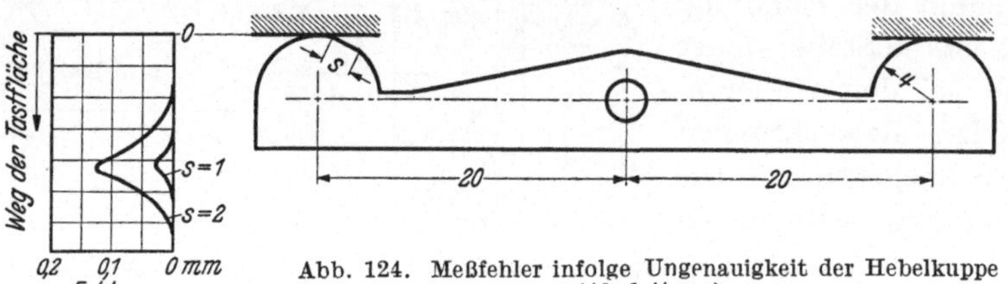

Abb. 124. Meßfehler infolge Ungenauigkeit der Hebelkuppe (Abplattung).

linie rückt schneller an den Drehpunkt heran, als am kurzen Hebelarm. Gleichzeitig wird die wirksame Länge des kurzen Armes am zweiten Hebel größer. Beides trägt zu einer beträchtlichen Verkleinerung des Gesamtübersetzungsverhältnisses beim Ausschwenken bei.

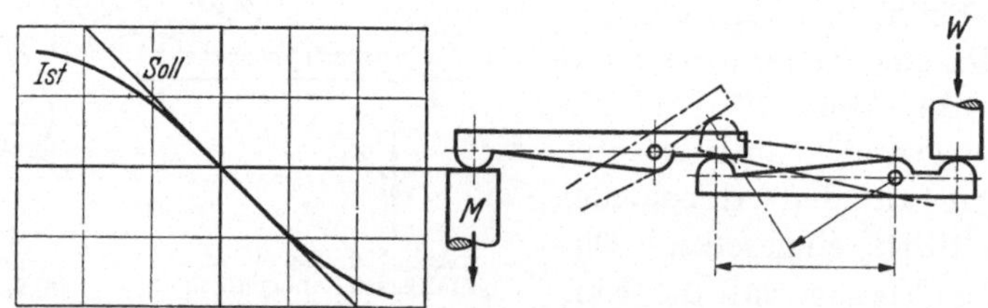

Abb. 125. Fehlerhafte Hebelkette.

Wenn es auf Istmaße ankommt, muß die Anordnung nach Abb. 126 gewählt werden, bei der zwischen beide Hebel ein parallelgeführter Übertragungsstift Z geschaltet ist.

Eine andere Möglichkeit der Meßwertübertragung besteht darin, daß man den Hebel mit ebenen Flächen und die Taststifte mit Rundungen versieht. Dies hat bei der Konstruktion nach Abb. 127 zur Folge, daß das Hebelverhältnis $a:b$ sich beim Ausschwenken in $a_1:b_1$ ändert, wobei a_1 kleiner als a und b_1 größer als b ist. Die Einrichtung ist für Istmaße nicht zu gebrauchen.

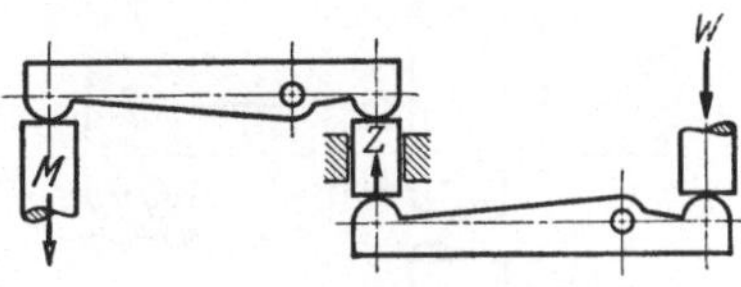

Abb. 126. Richtig arbeitende Hebelkette.

Der Fehler wird bei Abb. 128 vermieden. Hierbei müssen die Hebelflächen in einer Ebene liegen,

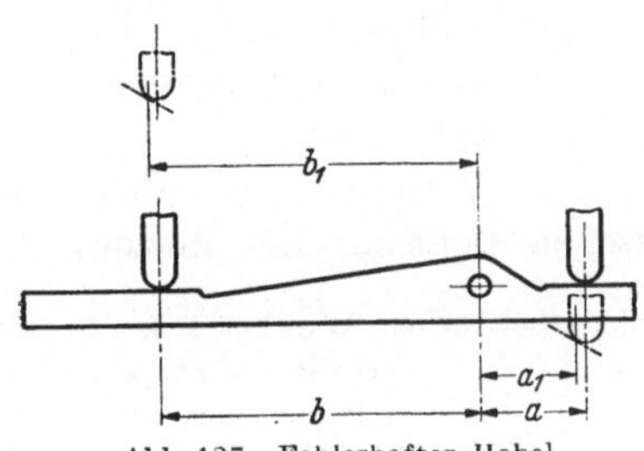

Abb. 127. Fehlerhafter Hebel.

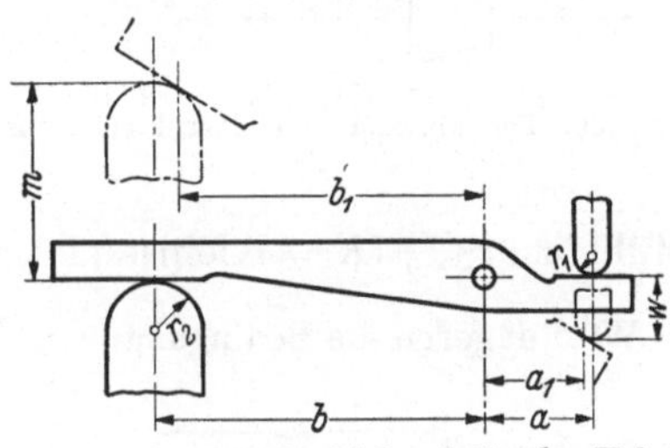

Abb. 128. Verhältnisgleich arbeitender Hebel.

die durch die Drehachse geht, und die Taststiftrundungen müssen sich wie die Hebelarme verhalten ($r_1:r_2 = a:b$), damit die Verhältnisgleichung erfüllt wird:

$$a : b = a_1 : b_1 = w : m.$$

Die Anordnung hat den Nachteil, daß, um die Berührung aufrechtzuerhalten, zwei Federn notwendig sind, die gegeneinander arbeiten.

2. Lochmittenabstände.

a) Tolerierung der Gerätzeichnung. Die richtige Tolerierung von Lochabständen erfordert eine rechnerische Toleranzuntersuchung, damit der im einzelnen Fall beabsichtigte Zweck erreicht wird. Es lassen sich jedoch gewisse Richtlinien aufstellen und damit die jedesmalige Wiederholung der Rechnung vermeiden.

Die Toleranz für einen Lochabstand hängt in vielen Fällen von dem Kleinstspiel zwischen Bohrung und Gegenstück (Bolzen, Schraube, Niet, Welle, Zapfen) ab.

Im folgenden sind einige grundsätzliche und häufig wiederkehrende Fälle unterschieden. Die zugehörigen Bilder zeigen, zur Verdeutlichung übertrieben dargestellt, äußerste Auswirkungen der Toleranzen.

Die meisten Fälle von Lochmittenmaßen lassen sich auf diese Beispiele zurückführen.

1. Zwei Platten, Bleche, Flanschen oder ähnliche Bauteile sollen mit je einer oder zwei (aufeinander senkrecht stehenden) Seitenflächen gleich liegen oder so aneinanderliegen, wie in Abb. 129. Sie enthalten

eine oder mehrere Bohrungen, in die nach dem Zusammensetzen ohne Nacharbeit Bolzen gesteckt werden sollen.

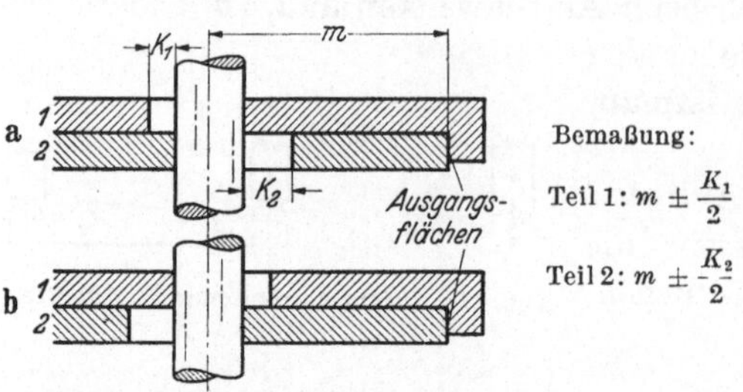

Abb. 129. Lochabstand von einer Fläche aus, $t = \frac{1}{2}K$.

Die Bemaßung aller Bohrungen muß in diesem Fall an jedem der beiden Teile von der Ausgangsfläche ausgehen. Schreibt man $\pm$-Toleranzen, so ist die Austauschbarkeit gesichert, wenn für die Größe der Toleranz $\pm t$[1] bei jeder einzelnen Bohrung die Bedingung erfüllt ist: $t \leqq \frac{K}{2}$ (K = Kleinstspiel zwischen Bohrung und Bolzen).

Wird dagegen die Bedingung: $t \leqq \frac{K}{2}$ nicht bei jedem Werkstück für sich erfüllt — etwa weil die Kleinstspiele verschieden sind, die Toleranzen aber gleich sein sollen —, so muß die Gleichung erfüllt sein:

$$t_1 + t_2 \leqq \tfrac{1}{2}(K_1 + K_2),$$

d.h. die Summe der Toleranzen t muß gleich der halben Summe der Kleinstspiele sein, oder: Die Angabe einer größeren Toleranz als $t = \frac{1}{2} K$ bei dem einen Werkstück geht auf Kosten der Toleranz des anderen, wenn die Austauschbarkeit gesichert sein soll. Bei Auswirkung der Toleranzen bleibt dann der Werkstückbolzen nicht an der gleichen Stelle, sondern seine äußersten Stellungen unterscheiden sich um v, d. i. die doppelte Toleranzüberschreitung (Abb. 130).

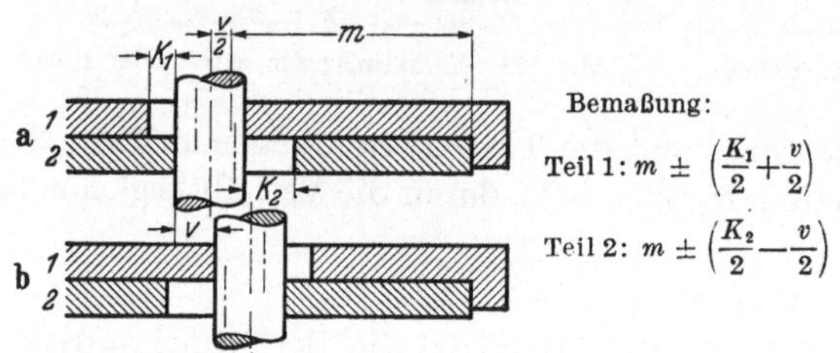

Abb. 130. Lochabstand von einer Fläche aus, $t \mp \frac{1}{2} K$.

Dies gilt sinngemäß auch, wenn drei (oder mehrere) Werkstücke übereinanderliegen: Wird bei einem der drei Stücke die rechnungsmäßige größtzulässige Toleranz $t = \frac{1}{2} K$ überschritten, so müssen bei den beiden anderen die Toleranzen je um den Betrag der Überschreitung verkleinert werden (Abb. 131).

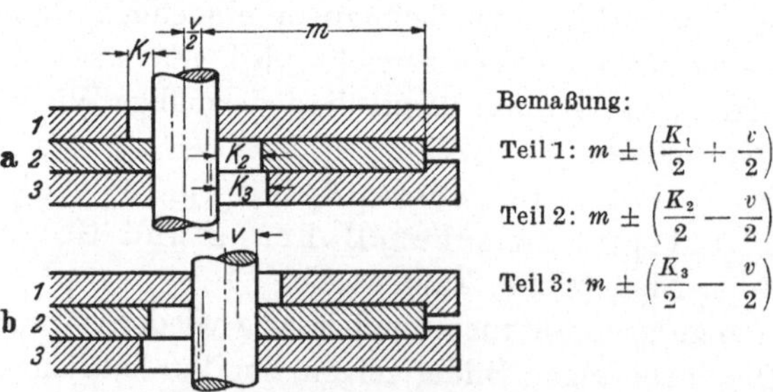

Abb. 131. Lochabstand von einer Fläche aus, 3 Stücke aufeinander, $t \mp \frac{1}{2} K$.

[1] Das Toleranzfeld ist dann also gleich $2t$!

2. Zueinander zentrierte Flanschen enthalten kreisförmig angeordnete Bohrungen, durch die ohne Nacharbeit Bolzen gesteckt werden sollen (Abb. 132).

Die Bemaßung erfolgt zweckmäßig vom Mittelpunkt des Lochkreises aus als Halbmesser; die Toleranz ist sinngemäß die gleiche wie bei 1.

Durch die Angabe des Halbmessers und nicht des Durchmessers wird für die Fertigung und Lehrung auf die Zentrierung als Ausgang hingewiesen. Bei Angabe des Durchmessers muß außerdem eine Symmetrietoleranz eingetragen werden.

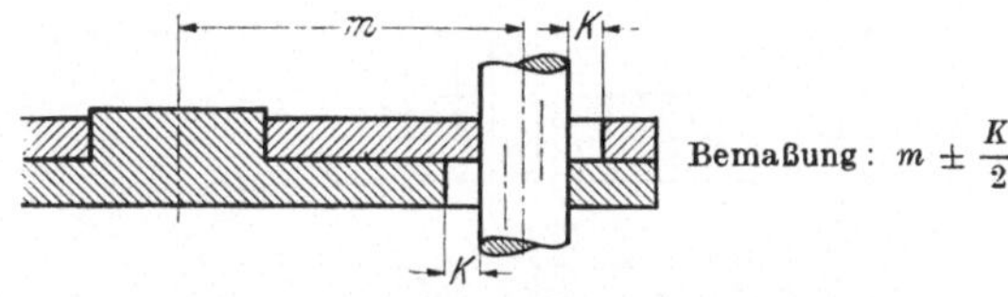

Abb. 132. Zentrierte Lochkreise, $t = \frac{1}{2} K$.

In Abb. 132 und den folgenden ist auf die Darstellung der extremen Toleranzauswirkung in umgekehrter Richtung (+ statt —, bzw. — statt +), auf die Berücksichtigung verschiedener Kleinstspiele sowie auf die Erörterung der Überschreitung der Formel: $t = \frac{1}{2} K$ an einem der Teile verzichtet, weil diese Fragen hier in der gleichen Weise beantwortet werden können, wie es bereits gezeigt wurde.

Der eine geometrische Ort für die Bohrungsmitte ist der vorstehend angegebene Lochkreishalbmesser, der zweite ist die Lochteilung; hierfür gilt in mm, die zweckmäßig auf Bogenmaß umgerechnet werden, die gleiche Toleranz wie für den Lochkreishalbmesser. Es wird später gezeigt werden, daß bei den gebräuchlichen Lehren die Lochteilung mit erfaßt wird, auch ohne daß eine Winkeltoleranz besonders angegeben ist; deswegen wird häufig auf ihre Angabe verzichtet.

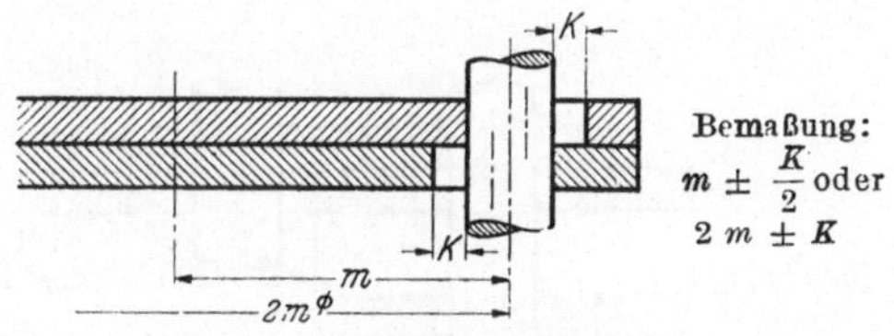

Abb. 133. Unzentrierte Lochkreise
$t = \frac{1}{2} K$ für Halbmesser
$t = K$ für Durchmesser.

Die Größe der zulässigen Toleranz t wird von einem etwa vorhandenen Spiel in der Zentrierung nicht beeinflußt.

3. Unzentrierte Flanschen enthalten kreisförmig angeordnete Bohrungen, in die ohne Nacharbeit Bolzen gesteckt werden sollen (Abb. 133).

Die Bemaßung kann in der gleichen Weise erfolgen, wie bei Abb. 132, ebensogut kann der Durchmesser angegeben werden, der die doppelte Toleranz erhält; für die Teilung gilt in jedem Falle die einfache Toleranz $t \leq \frac{1}{2} K$.

4. Zwei Bleche mit je zwei Bohrungen sollen, aufeinandergelegt, in

beliebiger Lage zueinander das Durchstecken von Bolzen ermöglichen (Abb. 134).

Die Bemaßung erfolgt von Lochmitte zu Lochmitte, die Toleranz muß doppelt so groß sein, wie in den bisher besprochenen Fällen, nämlich $t \leq K$, oder, wenn die Kleinstspiele verschieden sind, bei jedem Stück $t \leq \frac{1}{2}(K_o + K_m)$.

5. Zwei Bleche mit je mehreren Bohrungen sollen, aufeinandergelegt, das Durchstecken von Bolzen gestatten (Abb. 135). Die Bemaßung erfolgt von einer beliebigen Ausgangsbohrung aus nach den übrigen Lochmitten; für die Größe der Toleranz gilt wieder: $t \leq \frac{1}{2}K$.

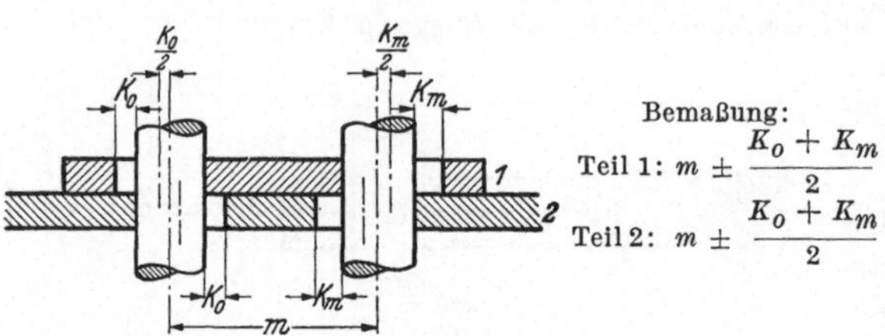

Abb. 134. Lochabstand von einer Bohrung aus
$t = \frac{1}{2}(K_o + K_m)$.
$t = K$.

Das Schnittbild 135 gleicht in seinem linken Teil vollkommen der Abb. 134. Für das Maß m wäre nach 4.: $t \leq K$ zu setzen. Dann dürfte aber das Maß n in der oberen Platte nicht unterschritten und in der unteren Platte nicht überschritten werden, oder umgekehrt, wenn die Toleranzen zufällig in entgegengesetzter Richtung ausgenutzt worden wären. Die scheinbare Schwierigkeit liegt allein in den

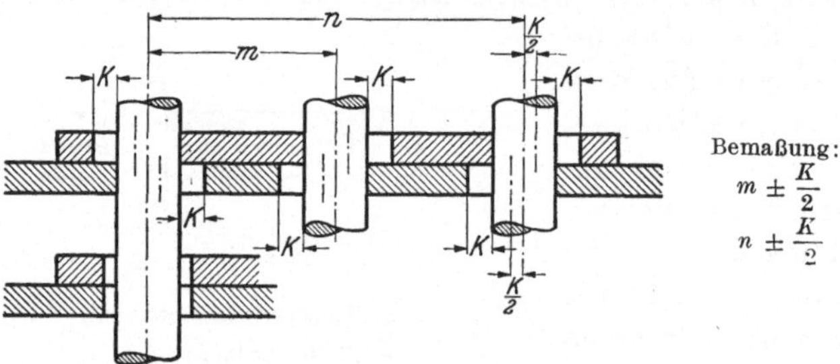

Abb. 135. Mehrere Lochabstände von einer Bohrung aus
$t = \frac{K}{2}$.

Mängeln der maßlichen Ausdrucksmittel begründet. Die Maße m und n gehen nämlich nach dem Wortlaut der Zeichnung von der Mitte der linken Bohrung aus, und man müßte demgemäß das Bild so zeichnen, wie es in der unteren Hälfte angedeutet ist. Dann sieht man ohne weiteres, daß $t \leq \frac{1}{2}K$ sein muß. Daß die Ausgangsbohrungen der Werkstücke genau übereinanderliegen, ist jedoch nicht notwendig, und es wird später gezeigt werden, daß eine richtig entworfene Lehre, abweichend vom Wortlaut der Zeichnung, das Gewollte mißt.

Für die Abweichung einer Lochreihe von der Geraden oder auch für die rechtwinklige Lage mehrerer Bohrungen zueinander werden meist auf der Zeichnung zulässige Abweichungen nicht besonders angegeben. Hierfür gelten stillschweigend die gleichen Toleranzen in mm, wie für die Abstände.

6a). Zapfenschlüssel und zugehöriges Lochpaar sollen zusammensteckbar sein (Abb. 136).

Die Bemaßung erfolgt von Zapfen zu Zapfen und von Loch zu Loch. Die Größe der Toleranz ist wieder $t \leqq \frac{1}{2} K$.

b) Zapfenschlüssel mit mehr als zwei Zapfen und zugehörige Lochreihe sollen zusammensteckbar sein.

Bemaßung:
Teil 1: $m \pm \frac{K}{2}$
Teil 2: $m \pm \frac{K}{2}$

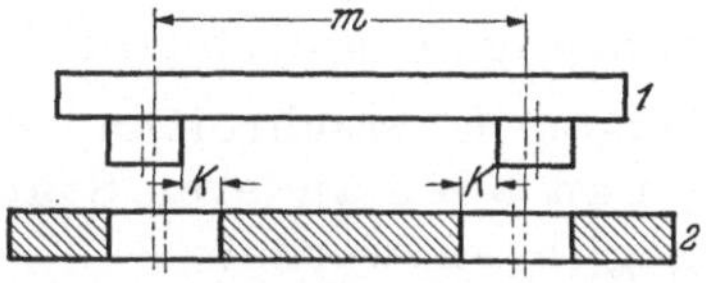

Abb. 136. Zapfenschlüssel und Lochpaar $t = \frac{K}{2}$.

Die Bemaßung erfolgt von einem Ausgangszapfen bzw. einer Ausgangsbohrung aus. Bezeichnet man diese mit 1 und die übrigen mit 2, 3, 4, . . ., so ergeben sich nach dem ersten Hauptsatz zwischen 2 und 3, 3 und 4, 2 und 4 usw. Summentoleranzen von $\pm 2t$. Folglich muß t von vornherein halb so groß wie im Fall 6a gewählt werden, nämlich: $t \leqq \frac{1}{4} K$.

7. Eine Symmetrietoleranz für eine abgesetzte Bohrung, zu der eine abgesetzte Welle passen soll, kann man als eine Abstandstoleranz mit dem Nennmaß Null auffassen. Es ergibt sich das gleiche wie unter 6a, oder, wenn die Kleinstspiele verschieden sind, $t \leqq \frac{K_1 + K_2}{4}$ (Abb. 137).

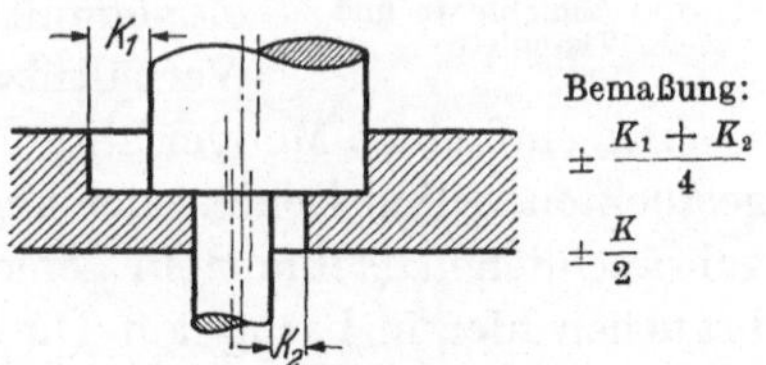

Abb. 137. Symmetrietoleranz.

Nach diesen Überlegungen kann in den scheinbar vorhandenen Wirrwarr von Beziehungen zwischen t und K Ordnung gebracht und es können Regeln aufgestellt werden, die leicht zu behalten sind und eine mehr oder weniger schematische Behandlung vonMittentoleranzen ermöglichen. Der Kernpunkt des Problems war bereits beim Fall 6b gestreift worden: Die Beziehung zwischen zwei beliebigen Mitten, die sich bei der jeweils gewählten Art der Maßangabe ergibt. Vergleicht man Abb. 134 mit dem rechten Teil von Abb. 135, so erkennt man die Ähnlichkeit. Nach den beiden Hauptsätzen ergibt sich in Abb. 135: $\left(n \pm \frac{K}{2}\right) - \left(m \pm \frac{K}{2}\right) = (m - n) \pm K$; in Abb. 134 war gleichfalls $t = K$ erkannt worden. Eine Betrachtung der übrigen Fälle, in denen es sich um Durchgangslöcher und durchgesteckte Bolzen handelt, in dieser Richtung führt zum gleichen Ergebnis.

Für die Beziehung zwischen festen Zapfen und zugehörigen

Bohrungen ergibt sich für zwei beliebige Mitten stets die Forderung: $t \leqq \frac{K}{2}$.

Man kann also die Frage nach der richtigen Tolerierung von Mittenabständen wie folgt beantworten:

An jedem Werkstück darf die Abstandtoleranz $\pm t$ **zwischen zwei beliebigen Mitten**

a) bei „Bohrungen und losen Bolzen" den Wert $t = K$,

b) bei „Bohrungen und festen Zapfen" den Wert $t = \frac{K}{2}$

nicht übersteigen. Überschreitungen dieser Werte an einem Stück müssen an allen anderen Stücken durch Unterschreitungen ausgeglichen werden.

Bei allen übrigen Lochabständen, die sich nicht hierauf zurückführen lassen, und bei denen keine zwangläufige Abhängigkeit zwischen Kleinstspiel und Toleranz besteht, wie z. B. Getriebegehäuse, Hebelbohrungen, Teilscheiben usw. sind technische Überlegungen und notfalls Toleranzuntersuchungen notwendig.

b) Lehren. Die Achse einer Bohrung ist etwas Gedachtes und deshalb muß beim Prüfen eines Maßes, das sich auf eine Bohrungsmitte bezieht, auf das körperlich Vorhandene, die Bohrungswandung, übergegangen werden. Das gleiche trifft auf die Zapfenmitte zu, bei der sich die Messung auch auf die Zylinderfläche beziehen muß. Deshalb ergeben sich für Zapfenmittenlehren sinngemäß spiegelbildliche Verhältnisse.

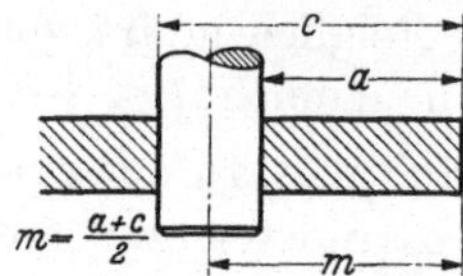

Abb. 138. Messung eines Lochabstandes mit Dorn und Schieblehre und Tiefenlehre.

Das einfachste Meßverfahren nach Abb. 138, bei dem von einem eingesteckten zylindrischen oder kegeligen Dorn aus die Maße a und c mit gebräuchlichen Meßmitteln gemessen werden, und ähnliche Verfahren brauchen hier in bezug auf Durchführung und Fehlerquellen nicht erörtert zu werden, weil sie nur für behelfsmäßige Messungen in Betracht kommen, nicht aber bei der Mengenfertigung.

Mit der Lehre nach Abb. 139 wird im Grunde nur das Maß a in Abb. 138 gemessen. Der Dorn erhält das Kleinstmaß der Bohrung, könnte aber ebensogut kleiner sein, wenn nicht dadurch die Gefahr des Eckens der Lehre größer würde. Die Lehre wirkt wie eine Rachenlehre und die Rachenweite entspricht dem Größt- und Kleinstmaß des Lochabstandes, abzüglich dem Dornhalbmesser. Liegt der Bohrungsdurchmesser nahe dem Ausschußmaß, so geht die Ausschußseite hinüber, obgleich die Toleranz zahlenmäßig noch nicht überschritten ist. Um das zu verhindern, muß die Ausschußseite um die halbe Bohrungstoleranz enger gefertigt werden. Das hat aber die Möglichkeit einer Toleranzüberschreitung nach Minus zur Folge, wenn der Bohrungsdurchmesser an der Gutseite liegt.

Damit sind wir beim Kernproblem aller starren Lochmittenlehren angelangt: der Auswirkung der Bohrungstoleranzen auf die Abstandtoleranz. Eine ganz korrekte und gleichzeitig elegante und einfache Meßmöglichkeit für Lochmittentoleranzen gibt es nicht, soweit es um die Erfüllung des Wortlautes der Zeichnung geht. Aber es wird sich zeigen, daß die meist gebräuchliche und beste Form der Lochmittenlehren, die in Abb. 140 dargestellt ist, die wirklichen Anforderungen viel besser trifft, als die Ziffer der Toleranzvorschrift es auszudrücken vermag.

Die Lehrenplatte wird auf das Werkstück gelegt und an der Ausgangsfläche (rechts) angeschlagen. Im genauen Abstand m von der Anschlagleiste befindet sich eine gehärtete Buchse, in die ein Hilfsdorn ohne Spiel paßt. Der Hilfsdorn ist um $2\,t$, also um die Gesamttoleranz, dünner als das Kleinstmaß der Werkstückbohrung. Wie man aus der Abbildung ohne weiteres erkennt, kann die Bohrung nach jeder Seite um den Betrag t abweichen. Ist die Abweichung größer, so läßt sich der Hilfsdorn nicht in die Bohrung einschieben und dadurch wird die Toleranzüberschreitung beim Meßvorgang sinnfällig angezeigt. Hierbei muß nur darauf geachtet werden, daß sich die Lehre nicht von der Anschlagleiste abhebt.

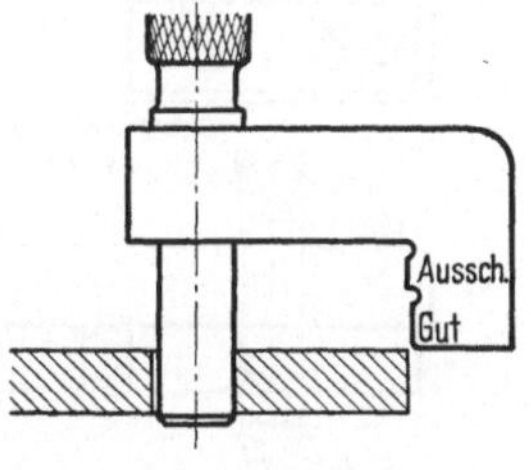

Abb. 139. Starre Lochabstandlehre.

Bei der Bemaßung des Hilfsdornes wird vom Kleinstmaß der Bohrung (Gutmaß) ausgegangen. Ist die Bohrung aber größer als dieses, so hat sie mehr „Bewegungsfreiheit" um den Hilfsdorn herum; die Zeichnungstoleranz wird zahlenmäßig überschritten. Ein Blick auf die Abb. 129—135 lehrt aber, daß t größer sein dürfte, wenn das Spiel größer wäre. Das Spiel wird dadurch größer, daß die Bohrung sich der Ausschußgrenze nähert. Entspricht, wie bei der Lehre Abb. 140, die Vergrößerung der Abstandtoleranz genau der Vergrößerung des Spieles, so ist der reibungslose Zusammenbau gesichert. Der Durchmesser des Hilfsdornes ist gleich dem Größtmaß des Werkstückbolzens, und wenn jener sich einführen läßt, geht dieser auch hinein. Die Lehre mißt die Maße a und c in Abb. 138 gleichzeitig.

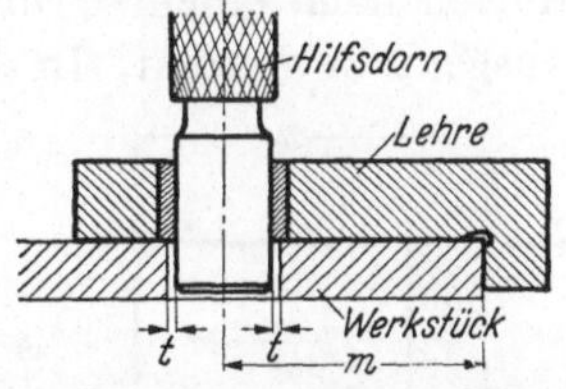

Abb. 140. Lochabstandlehre mit Hilfsdorn.

Es empfiehlt sich, nach Möglichkeit, wie in Abb. 140, den Hilfsdorn zuerst in die Lehre einzuführen und ihn dann in die Werkstückbohrung eintreten zu lassen. Geht man umgekehrt vor, so hat zunächst der Hilfsdorn in der Werkstückbohrung Luft und das Einführen in die genau passende Lehrenbuchse macht Schwierigkeiten; insbesondere an den Toleranzgrenzen geht das Meßgefühl verloren. Bei dem gewählten Beispiel kann der Hilfsdorn sogar in der Lehre steckenbleiben und braucht beim Messen nur verschoben zu werden.

Das Beispiel Abb. 140 ist für die Frage der Lehrenersparnis lehrreich. Auf die Gutlehrung des Bohrungsdurchmessers kann oft verzichtet werden, denn der Hilfsdorn muß hineingehen, damit das Stück für brauchbar erklärt wird. Eine Unterschreitung des Kleinstmaßes der Bohrung ist möglich, sie geht aber auf Kosten der Mittentoleranz und beeinträchtigt meist nicht die Brauchbarkeit des Stückes. Die Ausschußlehrung der Bohrung braucht nur vorgenommen zu werden, wenn es auf einen den gegebenen Toleranzen entsprechend guten Sitz des Bolzens in den Bohrungen ankommt. Demnach wird in vielen Fällen die Anwendung der Lochmittenlehre genügen.

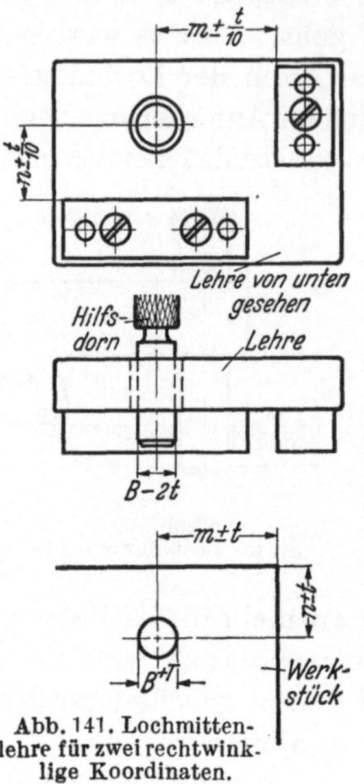

Abb. 141. Lochmittenlehre für zwei rechtwinklige Koordinaten.

Versieht man diese Lochabstandlehre mit einer zweiten Anschlagfläche (Abb. 141), so können beide Koordinaten in einem Meßgang geprüft werden. Bedingung ist nur, daß beide Maße m und n die gleiche Toleranz t haben, denn die Verkleinerung des Hilfsdornes hängt in beiden Richtungen von der jeweiligen Toleranz ab, und eine Verschiedenheit würde einen ovalen Hilfsdorn bedingen. Die Forderung gleicher Toleranz in beiden Richtungen deckt sich mit den Anforderungen des Zusammenbaues.

Nach dem Wortlaut der Gerätzeichnung ist auch diese Lehre nicht einwandfrei. Die Toleranzen von m und n dürfen nach einem Grundgesetz des Lehrenbaues, jede für sich, voll ausgenutzt werden. In Abb. 142 sind die Toleranzfelder für m und n vergrößert dargestellt, und man erkennt, daß für die Lochmitte ein quadratisches Toleranzfeld entsteht. Aus Abb. 143 geht hervor, daß die Lehre nur ein kreisförmiges Toleranzfeld zuläßt, und dieses (in Abb. 143 gestrichelt) darf auch nicht überschritten werden, wenn der Zusammenbau ohne Nacharbeit gesichert sein soll. Wiederum erfüllt die Lehre die technische Forderung besser, als es die Gerätzeichnung ausdrückt, diesmal mit einer Einschränkung der Zeichnungsangabe.

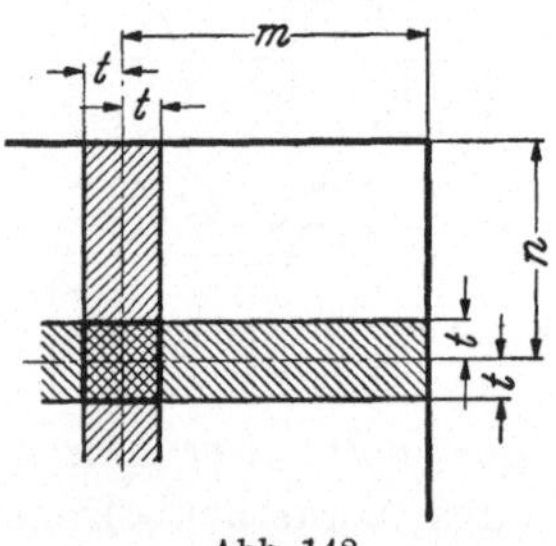

Abb. 142. Quadratisches Toleranzfeld.

Stehen die beiden koordinierten Maße nicht rechtwinklig zueinander — z. B. weil die Ausgangsflächen schiefwinklig stehen —, so entsteht nominell ein rhombenförmiges Toleranzfeld; die Lehre der beschriebenen Art läßt aber nur ein solches von der Größe des einbeschriebenen Kreises zu.

Mit der gleichen Lehrenart können auch mehrere Löcher auf ihre richtige Lage geprüft werden, wenn nur die Lochmittenmaße von den gleichen Flächen ausgehen. Diese Bemaßungsart entspricht der Aufnahme in der Vorrichtung und die vielfach noch übliche Angabe von Kettenmaßen ist demgemäß sowohl in vorrichtungs- als auch in lehrentechnischer Hinsicht unzweckmäßig.

Grundsätzlich kann der Hilfsdorn auch als fester Zapfen ausgebildet werden, hierbei muß aber auf gute Führung an der Anschlagfläche im Augenblick des Eintauchens in die Bohrung geachtet werden. Bei den bisher gewählten Werkstücken empfahl sich dies Verfahren nicht mit Rücksicht auf die Gefahr des Verkantens der Lehre.

Schief gebohrte Löcher werden von Lehren dieser Art dann zurückgewiesen, wenn an einer Stelle der Bohrung die Toleranz (im oben besprochenen Sinne) überschritten und dadurch der Zusammenbau in Frage gestellt wird.

Anstatt von Flächen auszugehen, kann man auch von einer Ausgangsbohrung aus messen. Die Lehre wird in diesem Loch mit einem Zapfen aufgenommen, der das Kleinstmaß des Werkstückes hat. Die übrigen Zapfen werden um $2\,t$ dünner ausgeführt. Dann entspräche das Werkstück dem unteren Teil von Abb. 135. Die Austauschbarkeit wird aber ebenfalls gewährleistet, wenn alle Zapfen gleich gemacht werden (Gutmaß minus $2 \cdot t$), und somit dem Wortlaut nach eine Überschreitung der Zeichnungstoleranz zugelassen, aber den praktischen Bedürfnissen besser Rechnung getragen wird. Außerdem wird durch diese Maßnahme das Einführen einer mit festen Zapfen versehenen Lehre erleichtert.

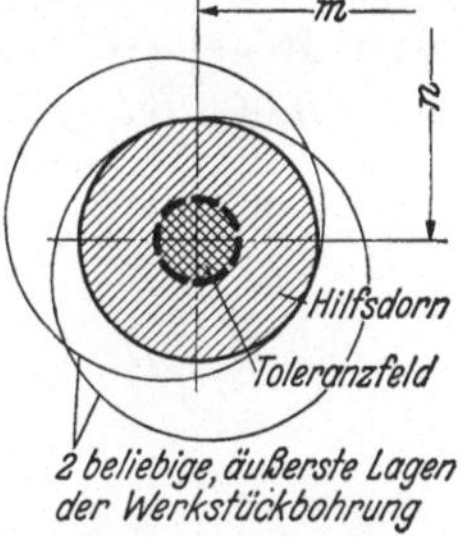

Abb. 143. Kreisförmiges Toleranzfeld. Die Mittelpunkte aller Werkstückbohrungen in äußerster Lage liegen auf einem Kreis.

Bei Lehren für Zapfenabstände und bei Symmetrielehren für abgesetzte Wellen werden die Buchsen der Lehre um den gleichen Betrag größer, als die Zapfen einer Lochmittenlehre kleiner ausgeführt werden müßten, z. B. an der Lehre zum Schlüssel in Abb. 136 erhalten beide Buchsen den Durchmesser: Zapfendurchmesser $+ \frac{1}{2} K$.

Aus den im vorstehenden über Lochmittenlehren (zu denen auch die Zapfenmittenlehren im besprochenen Sinne zu rechnen sind) angestellten Betrachtungen geht folgendes hervor:

Wenn der Konstrukteur in einer Gerätzeichnung die Mitten von Bohrungen oder Zapfen durch je zwei tolerierte Maße von der Form $m \pm t$ festlegt, so meint er damit, daß um jede ideelle Mitte ein kreisförmiges Toleranzfeld vom Halbmesser t zulässig ist, weil nur durch dieses die Austauschbarkeit der Teile sichergestellt ist. Überschreitungen dieses Toleranzfeldes sind nach Maßgabe der Ausnutzung der Durchmessertoleranz zulässig. Die angegebene Toleranzschreibweise ist gleichbedeutend mit der Bemerkung auf der Zeichung: „Die Abstände der Bohrungen müssen der Lehre Nr. ... entsprechen."

Die beschriebene Mittenlehre läßt alle Abweichungen der verschiedensten Arten zu, die den Zusammenbau nicht gefährden.

Die Toleranz, mit der Lochmittenlehren gemeinhin ausgeführt werden, beträgt etwa ein Zehntel der Werkstücktoleranz für den Loch- oder Zapfenabstand. Die Zapfendurchmesser werden mit einer Toleranz gefertigt, die in gleicher Weise wie beim Grenzlehrdorn der Bohrungstoleranz entspricht.

Für nicht zu große Maße (bis 100 mm) haben Versuche gezeigt, daß beim Werkstück in der Mengenfertigung mit einer guten Vorrichtung Toleranzen von $\pm$ 0,05 eingehalten werden können. Kleinere, bis zu $\pm$ 0,02, erfordern außergewöhnliche Maßnahmen und vor allem sorgfältige Überwachung und Instandhaltung der Betriebsmittel. Nach obiger Regel erhält dann die Lehrenzeichnung Herstellungstoleranzen von $\pm$ 0,005 bis $\pm$ 0,002.

Schrifttum.

1. Albrecht, Meßelemente und Meßverfahren bei Sonderlehren. Werkst.-Techn. und Werksleiter 1938, Heft 4, S. 69.
2. AWF Nr. 227, Das Messen in der Werkstatt. Berlin: Beuth-Vertrieb.
3. AWF Nr. 950, Eigenschaften der Meßgeräte. Berlin: Beuth-Vertrieb.
4. AWF Nr. 951, Parallel-Endmaße. Berlin: Beuth-Vertrieb.
5. AWF Nr. 952, Meßuhren. Berlin: Beuth-Vertrieb.
6. AWF Nr. 953, Wasserwaagen (Röhrenlibellen). Berlin: Beuth-Vertrieb.
7. AWF Nr. 954, Schieblehren. Berlin: Beuth-Vertrieb.
8. Barz, Die Meßeigenschaften der Meßuhr. Berlin: Diss. 1938.
9. Becker, Plaut und Runge, Anwendungen der mathematischen Statistik auf Probleme der Massenfabrikation. Berlin: Julius Springer 1927.
10. Berndt, Die Gewinde. Berlin: Julius Springer 1925. Erster Nachtrag. Berlin: Julius Springer 1926.
11. —, Die deutschen Gewindetoleranzen. Berlin: Julius Springer 1929.
12. —, Grundlagen und Geräte technischer Längenmessungen. Berlin: Julius Springer 1929.
13. —, Technische Winkelmessungen. Werkstattbücher Heft 18. Berlin: Julius Springer 1930.
14. —, Meßwerkzeuge und Meßverfahren für metallbearbeitende Betriebe. Sammlung Göschen. Berlin und Leipzig: Walter de Gruyter 1932.
15. —, Gewindemessungen. Z. VDI 1936, S. 1455.
16. —, Grundlagen für die Messung von Stirnrädern mit gerader Evolventenverzahnung. Berlin: Julius Springer 1938.
17. —, Ansprüche des Verbrauchers an Feinmeßinstrumente. Werkst.-Techn. und Werksleiter 1938, Heft 23, S. 505.
18. —, Die Bestimmung des Flankendurchmessers von Gewinden mit symmetrischem Profil nach der Dreidrahtmethode. Z. Instrumentenkde. 1939, Heft 11, S. 439.
19. —, Die Bestimmung des Flankendurchmessers von Gewinden mit unsymmetrischem Profil nach der Dreidrahtmethode. Z. Instrumentenkde. 1940, Heft 1, S. 14.
20. —, Die Anlagekorrekturen bei der Bestimmung des Flankendurchmessers von symmetrischen und unsymmetrischen Außen- und Innengewinden nach der Dreidrahtmethode oder mittels zweier Kugeln. Z. Instrumentenkde. 1940, Heft 5, S. 141; Heft 6, S. 177; Heft 7, S. 209; Heft 8, S. 237; Heft 9, S. 272.
21. Berndt-Vogt, Die Meßkraft der Fühlhebel. Z. Instrumentenkde. 1938, Heft 10, S. 389.
22. Daeves, Praktische Großzahlforschung. Berlin: VDI-Verlag 1933.
23. Donath, Beiträge zur Bestimmung des Maßes von Rachenlehren. Dresden: Diss. 1935.
24. Dreyhaupt, Oberflächenprüfung von Flächen mit hohem Gütegrad. Werkst.-Techn. und Werksleiter 1939, Heft 13, S. 321.
25. Gramenz, Passungen, DIN-Buch 4. Berlin: Beuth-Vertrieb 1934.
26. Jürgensmeyer, Die Wälzlager. Berlin: Julius Springer 1937.
27. Kienzle, Kontrollen der Betriebswirtschaft. Schriften der ADB. Berlin: Julius Springer 1931.
28. —, Der heutige Stand der Toleranz- und Prüfsysteme für Werkstückabmessungen. Werkst.-Techn. und Werksleiter 1936, Heft 23, S. 501.
29. —, Feste Lehren im ISA-System. Werkst.-Techn. und Werksleiter 1936, Heft 23, S. 503.

30. Kienzle, Wege zum zuverlässigen Werkstückmaß. Werkst.-Techn. und Werksleiter 1937, Heft 23, S. 505.
31. —, Die Preßsitze im ISA-Passungssystem. Werkst.-Techn. und Werksleiter 1938, Heft 19, S. 421.
32. —, Die Berechnung einfacher Preßsitze. Werkst.-Techn. und Werksleiter 1938, Heft 21, S. 468.
33. Kirner, Die Passung der Wälzlager. Stuttgart: Konrad Wittwer 1925.
34. Kösters, Der gegenwärtige Stand der Meter-Definition, des Meteranschlusses und seine internationale Bedeutung für Wissenschaft und Technik. Werkst.-Techn. und Werksleiter 1938, Heft 23, S. 527.
35. Kohlweiler, Statistik im Dienste der Technik. München und Berlin: R. Oldenbourg 1931.
36. Leinweber, Lehrenprüfung und Lehrenüberwachung. Feinmech. u. Präz. 1937, Heft 21, S. 297.
37. —, Handhabung von Lehren. Feinmech. u. Präz. 1938, Heft 2, S. 15.
38. —, Probleme der Meßtechnik für den Großverbraucher. Werkst.-Techn. und Werksleiter 1938, Heft 23, S. 514.
39. Lubberger, Wahrscheinlichkeiten und Schwankungen. Berlin: Julius Springer 1937.
40. Moszynski, Die Grundsätze der Toleranzen (Die Geometrie der Toleranzen). Polnisch. Warschau 1937.
41. Müller, Untersuchung der Wirtschaftlichkeit von Geräten für technische Längenmessungen. Dresden: Diss. 1934.
42. Nieberding, Abnutzung von Metallen unter besonderer Berücksichtigung der Meßflächen von Lehren. VDI-Verlag 1930.
43. —, Gestaltung und Ausführung fester Lehren für hohe Genauigkeitsansprüche. Werkst.-Techn. und Werksleiter 1937, Heft 13, S. 295.
44. Niepel, Eine neue bolometrische Meßlehre zum Steuern von Werkzeugmaschinen und zum Aufzeichnen von Abtastvorgängen. Werkzeugmasch. 1940, Heft 10, S. 205.
45. Plaut, Fabrikationskontrolle auf Grund statistischer Methoden. Berlin: VDI-Verlag 1930.
46. Rämsch, Beiträge zur Frage der Einstellgenauigkeit auf Strichteilungen. Dresden: Diss. 1936.
47. Sawin, Einfluß der inneren Spannungen auf die Widerstandsfähigkeit von Werkstoffen gegen Zerspanung und Abnutzung. Werkst.-Techn. und Werksleiter 1939, Heft 12, S. 301.
48. —, Über Verschleiß an Metallen. Werkzeugmasch. 1940, Heft 11.
49. Schmaltz, Technische Oberflächenkunde. Berlin: Julius Springer 1936.
50. —, Beitrag zur Normung der Oberflächenbeschaffenheit. Werkst.-Techn. und Werksleiter 1937, Heft 11, S. 256.
51. Schmidt, Die Abnutzung von Lehren. Würzburg: Konrad Triltsch 1932.
52. Sporkert, Über die Abnutzung von Metallen bei gleitender Reibung. Werkst.-Techn. und Werksleiter 1936, Heft 10, S. 221.
53. von Weingraber, Die Einsatzhärte und ihre Prüfung. Werkst.-Techn. und Werksleiter 1937, Heft 17, S. 384.
54. —, Die Fehlerquellen bei der Vickers-Härteprüfung. Werkst.-Techn. und Werksleiter 1938, Heft 16, S. 361.
55. Weiterentwicklung des Feinmeßverfahrens mittels Druckluft. Feinmech. u. Präz. 1938, Heft 21, S. 289.
56. Werth, Austauschbare Längspreßsitze. Berlin: Diss. 1936.
57. Wittwer, Wirtschaftliches Prüfen in der Reihen- und Massenfertigung. Werkst.-Techn. und Werksleiter 1939, Heft 8, S. 209.

Stichwortverzeichnis.

*Die **fett**gedruckten Zahlen geben die Seiten an, auf denen die Begriffe erklärt sind.*